重塑我国城镇空间格局

——基于财政与交通视角

RESHAPE THE PATTERN OF URBAN SPACE

—BASED ON THE FINANCIAL AND TRAFFIC PERSPECTIVE

李名良◎著

图书在版编目（CIP）数据

重塑我国城镇空间格局：基于财政与交通视角/李名良著 .—北京：经济管理出版社，2020. 9

ISBN 978 -7 -5096 -7259 -4

Ⅰ. ①重…　Ⅱ. ①李…　Ⅲ. ①城镇—城市规划—研究—中国　Ⅳ. ①TU984. 2

中国版本图书馆 CIP 数据核字(2020)第 146071 号

组稿编辑：胡　茜
责任编辑：胡　茜
责任印制：黄章平
责任校对：王淑卿

出版发行：经济管理出版社
（北京市海淀区北蜂窝 8 号中雅大厦 A 座 11 层　100038）
网　　址：www. E - mp. com. cn
电　　话：（010）51915602
印　　刷：北京玺诚印务有限公司
经　　销：新华书店
开　　本：720mm × 1000mm/16
印　　张：10. 25
字　　数：140 千字
版　　次：2020 年 9 月第 1 版　　2020 年 9 月第 1 次印刷
书　　号：ISBN 978 -7 -5096 -7259 -4
定　　价：69. 00 元

序　言

经济活动在空间上非均匀分布是普遍现象，如何解释这种现象是经济学研究的课题。特别地，经济要素放在什么地方能更好地体现其价值，一直是我国经济改革的重要内容。这个“地方”不仅指某个行业部门，而且也指具体地理空间，如农业人口向生产率更高的非农业部门流动，工作和生活地点变为城镇化地区，这也就是工业化与城镇化关系密切的主要原因。改革开放以来，我国城镇化快速发展，从初期的“离地不离乡”，到大规模的农民进城务工，再到如今的农民工市民化等，形成了具有中国特色的渐进式城镇化道路。2019年，我国城镇化率超过60%，约8.5亿人居住在城镇化地区。在一定时期内，我国城镇化仍保持一个相对较快的增长速度，“十四五”时期我国城镇化年均增长若维持在0.9个百分点左右，到2030年我国城镇化率将达70%，并将在2035年前后趋于成熟，达到75%以上。我国将是世界最大规模的城市社会，城镇人口规模约11亿。这11亿城镇人口，以及与之对应的经济活动身在“何处”更有效率呢？

当前，我国已经成为世界第二大经济体，2019年经济总量逼近100万亿元，按年平均汇率折算人均国内生产总值首次突破1万美元，预计“十四五”时期将迈入高等收入国家行列。同时，我国已经成为全球最大的消费市场，内需成为经济增长最强的支撑力，正在加快形成以国内大循环为主体、国内国际双循环相互促进的新发展格局，经济系统的生产、消费、流通和分配等环节加剧变化。在城市社会里，城市是现代经济的主要空间载体，中国作为世界最大规模的城市社会，新发展格局必然有与之对应的新城镇空间格局。从生产和消费关系来看，不但生产聚集于城市，而且最具有消费能力的人口也在城市，城市为现代经济循环体系的基础空间形态。从我国区域空间来看，以往在以外需市场和为国际企业做配套生产的经济发展模式下，沿海地区有更多的发展机遇，然而即将形成的新循环体系，内需市场为消费终端的主体。更为重要的是，国内与国际的生产关系将有质的变化，以往国内生产是被动纳入全球生产体系，以后将有越来越多的国内生产部门是全球生产体系的主导者，随之我国城市的国际影响力不断增大。

基于以上两点考虑，我国城镇空间格局将有重大变化。一方面，我国城市将出现分化，部分城市有望成为全球性城市，部分城市可能出现衰退。在新经济格局构建过程中，人口和生产活动进一步从农村流向城市，产业更新跟不上产业变革的城市将出现衰退，而有更多创新型要素的城市将更加有吸引力，成为新时代的宠儿而不断发展壮大。另一方面，沿海城市与内陆城市的关系将有变化，内陆城市发展面临新机遇。与以往一样，交通便利的城市竞争力更强，更能吸引人口和产业，但是“交通便利”具有显著的时空特征。沿海相对于国外市场是交通便利的地方，而处在内陆交通要冲的城市则对于国内市场的交通区位优势更明显。当然，交通要素是城镇空间格局的重要因素，但不是唯一因素。随着人们对生活品质的重视，人居环境将是另一个重要因素，而这个因素除与自然环境有关之外，政府提供的公共服务无疑是核心，而公共服务与财政支出密切相关。

在影响因素方面，交通和财政是城镇空间变化最为关键的两个因素。从国内外城镇化发展经验来看，大城市发展问题是城镇空间难以回避的问题，这是因为大城市聚集了最为活跃的经济要素，也面临各式各样的城市病，而围绕大城市向外扩散，形成都市圈和城市群，既有利于发挥要素集聚产生的聚集经济，也可在一定空间范围内推动大城市与中小城市协同发展，不同程度地缓解大城市病问题。本书的研究工作将围绕我国城镇空间格局问题展开，以城市规模理论为核心，分析城市成长的生产率效应、财政支出影响和轨道交通供给策略等。同时，在理论上认识城市规模扩张的原因，在实践上论证城市规模与生产率的关系，并且结合我国城市财政支出特点，分析政府的财政支出对城市规模和居民福利的影响。最后，为在一定空间范围内实现大中小城市协同发展，基于都市圈来聚焦分析轨道交通与城镇空间形态的演变，并提供相应的政策建议。通过上述研究，为我国城镇空间格局分析提供理论和政策参考。

感谢我的导师范红忠教授对本书给予的专业性指导。同时，进入国家发展和改革委员会综合运输研究所以来，单位领导、专家和同事的科研指导和鼓励使我受益颇多，这也是本书得以成稿和出版的关键。受本人研究和实践水平局限，本书可能存在一些不足与疏漏之处，请各界同仁批评指正。

李名良

2020 年 8 月

目　录

引 言

以蒸汽机的发明和广泛使用为重要标志的工业革命，创造了人类历史上前所未有的生产率，使人类走出马尔萨斯陷阱，机械化生产摆脱了对土地的依附，迅速改变了人口和生产的空间状态，城市成为人类生产和生活的聚集地。全球城市化趋势不可逆转，城市已经成为现代经济的主要空间载体，以资源短缺、环境恶化、交通拥堵、房价高涨为特征的“城市病”受到人们的关注。“城市病”大多发现在大城市，但是大城市不断涌现又是一个不争的事实。因此，以不同规模城市组合而成的空间形态备受关注，如都市圈和城市群的发展。

中国的城镇化实践为人类进一步探究城市发展的规律提供了契机，这是因为中国的城镇化道路与西方国家相比具有不同的特征。首先，中国的城镇化为经济转型过程中实现的城镇化，在城镇化过程中市场经济逐渐确立；其次，中国的城镇化速度史无前例，城镇化率从20%提高到40%，英国用了120年，法国用了100年，德国用了80年，美国用了40年，苏联和日本用了30年，而中国仅用了20年的时间①。斯蒂格利茨曾预言：“21世纪对全人类影响最深的两件大事件，一是美国的高科技产业，二是中国的城市化。”对中国增长奇

① 国家信息中心．西部大开发中的城市化道路——成都城市化模式案例研究［M］．北京：商务印书馆，2010.

迹的关注，也使对中国改革开放以来从空间结构转变中获得的经济效益的研究更具有价值。

新中国成立以来中国的城镇化道路并不平坦。早期的城镇化与重工业的快速增长、工业化的城市群在东北地区和中西部地区的出现基本吻合。改革开放给经济和社会注入了活力，为我国城镇化发展开创了新的局面。中国的城镇化过程同样经历着大城市的膨胀。2010 年有 6 个城市人口规模超过 1000 万人，而人口规模 100 万人以上的城市有 140 个，在 1978 年此类城市仅有 49 个[①]。特大城市的扩张尤为突出，2010 年北京常住人口 1961. 2 万人，比 2000 年增加 604. 3 万人，平均每年增加 60. 4 万人；上海 2010 年常住人口 2301. 9 万人，比 2000 年增加 628. 1 万人，平均每年增加 62. 8 万人。随着中国大城市扩张产生的“城市病”日益突出，国内各界也开始关注城市发展的适宜规模，以及不同规模城市之间的关系。

我国经济已经由高速增长转向高质量发展，探索新的经济增长点成为各界关注的焦点，其中，新型城镇化再次引起重视，但是城镇化道路选择仍然存在争议，需要进一步认识城市规模扩大的生产率效应。《国家新型城镇化规划(2014—2020 年)》提出“‘严格控制’特大城市规模，引导劳动力向中小型城市迁移”，而主张发展大城市的学者认为该政策不利于特大城市发挥劳动生产率方面的优势。当生产和人口过度集聚时，为了使人们的生活质量不受拥挤的影响，往往将大量的社会资源用于改善城市交通和环境，可能挤占部分应该用于生产和技术开发的资源，从而对整个社会的技术进步具有负面影响。城市规模扩大的生产率效应在理论上并不能给出明确的答案，现有文献对此进行了实证研究，以城市规模一次项为核心解释变量的研究得出城市规模扩大对劳动

① 国务院发展研究中心和世界银行联合课题组. 中国：推进高效、包容、可持续的城镇化［R］. 2014.

生产率有正向效应的结论，而同时加入了城市规模平方项的研究认为存在最优城市规模。设定特定函数形式的实证模型可能掩盖了城市规模与生产率之间的真实关系，本书将运用含有固定效应的部分线性面板数据模型进行估计，为中国的城镇化道路选择提供参考。

提高人们生活质量是下一阶段中国城镇化的主要目标。“城市病”困扰着中国城镇化进程，控制大城市人口规模成为政府的政策目标。虽然中国政府已经采取了许多措施，但是大城市仍然在膨胀，面对这一现实，人们开始对控制大城市人口规模的政策产生了怀疑。怀疑者甚至认为大城市人口规模的膨胀势不可当，应该放弃控制大城市人口规模转而支持大城市发展，当然，更多人认为，现有控制大城市人口规模的政策失效更有可能是政策不当导致的。由此可见，在构建中国城镇化空间格局的进程中，政府如何作为仍然是一个需要研究的问题，现有研究很可能忽略了某个重要的因素。等级化城市行政管理体制使中国存在偏向于大城市的财政支出政策，优秀的公共资源集中于大城市，吸引着人口向大城市聚集。本书借鉴新经济地理学分析框架，研究偏向性财政支出政策对人口和生产空间分布的影响，探索中国大城市持续膨胀的机理，为构建适宜的城市规模提供理论依据，这也是大中小城市协同发展的理论前提。

建设和发展轨道交通的任务大多由城市政府承担，是财政支出的重要内容。如何使此项财政支出更加高效，特别是有利于城镇空间向大中小城市协同演变的方向前进，一直是理论和实践研究和热门话题。国办发〔2003〕81 号文件和国办发〔2018〕52 号文件都将地方政府一般公共财政预算收入作为重要的申报条件。特别是国办发〔2018〕52 号文件，明确提出对符合申报条件的建设规划，要认真审核规划建设规模及项目资金筹措方案，确保建设规模同地方财力相匹配。由此可见轨道交通在地方城市财政支出中的重要位置。从城镇空间形态演变规律来看，大城市、特别是超大特大城市向都市圈演进是必然趋势，主要体现为在 1 小时通勤圈内人口和产业资源的调整与重组，加速形成宜居宜业的中心—外围城镇空间结构，轨道交通网与都市圈产业和城镇空间高效协同，是实现中心城市与都市圈经济实力双提升的关键。2019 年，我国市域人口规模超过 1000 万人的城市有 14 个（河南南阳和山东临沂两个地级市常住人口超过 1000 万人，但是两地多为农村地区，城镇化率相对较低，尚难以形成都市圈），近六成城市土地面积超过 1 万平方公里，在空间范围上已经与国际成熟都市圈相当，但是大部分经济实力仍然不强。我国都市圈“大而不强”的问题突出，除与公共服务分布不均、经济要素跨行政区流通不畅和城乡资源配置体制机制不顺等因素有关外，中心城区与外围城镇间快速轨道交通有效供给不足也是重要原因。集约高效、环境友好、大众便捷的一体化轨道交通服务，拓展了特大城市中心城区的职住空间范围，既保证聚集效应有效发挥，也降低经济活动过度集中的负面成本。推进以人为核心的新型城镇化，首要任务是使有能力在城镇稳定就业和生活的已进城常住人口有序实现市民化，中心城区与外围城镇之间通勤便利化使在大城市有工作的人口，可以选择在周边的中小城市或卫星城镇落户、置业和生活，实现市民化，享有城市基本公共服务。“十四五”时期是我国都市圈“强身健体”的关键时期，都市圈轨道交通一体化推动建设高质量都市圈轨道交通系统至关重要，也是都市圈空间范围内实现大中小城市协调发展的关键支撑力和引领力。

第一章

重塑我国城镇空间格局的意义

为了探索符合我国基本国情的城镇化道路，城镇空间格局成为争论焦点，出现过小城市论、大城市论、中等城市论、多元发展论、城市体系论等多个论调。在不同发展时期，由于我国城镇发展重点、空间格局特征、发展政策导向等差异，城镇化道路的主要论调在不断变化。发达国家的城镇化已经完成，城镇空间格局基本稳定，对比不同国家的城镇空间格局可以发现，城镇空间格局是一个关乎国家发展命运的选择，过度集中的城镇空间格局模式值得警惕。我国的人口多、地域广和产业体系庞大等国情决定了我们不得不面对大城市问题，处理好大城市过度膨胀对我国城镇空间格局至关重要。

一直以来，我们都在探索符合我国国情、具有自己特点的城镇化道路，而城镇空间格局问题是城镇化道路的核心问题。发达国家的发展实践表明，城镇空间格局具有多种样式，而且这是一个关乎国家发展命运的选择，过度集中的发展模式值得警惕。当前，我国正处在城镇空间格局优化调整的关键期，建设现代化、高水平、协同发展的城市群和都市圈，需要围绕大城市做好文章，在一定空间范围内实现大中小城市协同发展。

一、关于我国城镇化道路的争论

关于城镇化道路的选择是各界关注的焦点，其中争论的重要话题是，在城镇化进程中大城市、中小城市和小城镇的发展顺序以及发展重点，出现过小城市论、大城市论、中等城市论、多元发展论、城市体系论等多个论调。当然，在不同时期我国城镇化的实践特点不同，城镇化道路的主要论调在不断变化。

改革开放初期，“积极恢复和发展小城镇，特别是广大的农村集镇”“小城镇大战略”等小城市论占上风。20 世纪 80 年代，为了鼓励非农就业，解决我国农村地区落后的问题，提倡“离地不离乡”发展农村经济和劳动力市场，对乡镇和大队企业等新兴的市场主体采取放开搞活的政策，吸纳农村人口就近就业的小城镇快速发展。1983 年，中国城镇化道路学术研讨会认为小城镇是符合理性的、是有生命力的，并提出积极恢复和发展小城镇。1984 ~ 1996 年建制镇的数量就从 2664 个猛增至 18200 个。相反，身处城市的国有企业受到计划经济影响比较大，生产和用工等条条框框约束太多，城市经济发展受限。

随着我国改革开放的不断推进，国有企业改革和城市经济改革成为重点，大城市的经济活力迅速提升，企业规模和城市规模效应得以发挥作用。与此同

时，小城镇快速发展起来的乡镇企业由于产权不清、经营管理水平低下和生产技术条件差等问题而走下坡路，再加上小城镇粗放式发展所带来的无节制地消耗资源、破坏环境、社会治安差等，小城镇崛起的经济条件逐步弱化。基于这种现实情况的比照，大城市论调逐渐开始占据上风，部分学者明确指出大城市具有远大于小城镇的规模效益，大城市必然要首先发展。

时过境迁，大城市的无序扩张产生了一系列经济、社会和环境问题，大城市交通拥挤、住房紧张、供水不足、能源紧缺、环境污染和秩序混乱等城市病日益凸显。大城市论受到质疑，大中小城市和小城镇协调发展被广泛接受。《国务院关于加强城市规划工作的通知》（国发〔1996〕18 号）要求切实节约和合理利用土地，严格控制城市规模，非农业人口 100 万人以上的大城市的城市建设用地规模，原则上不得再扩大。2001 年《中华人民共和国国民经济与社会发展第十个五年规划》提出："有重点地发展小城镇，积极发展中小城市，完善区域中心城市功能，发挥大城市的辐射带动作用。"2002 年党的十六大报告提出："要坚持大中小城市和小城镇协调发展，走中国特色的城镇化道路。"2018 年党的十九大报告更是明确提出："以城市群为主体构建大中小城市和小城镇协调发展的城镇格局，加快农业转移人口市民化。"

然而，当前我国城镇化发展实践并不尽如人意，一些大城市人口和空间持续膨胀，甚至超出了当地资源环境承载力，小城市和小城镇发展乏力的问题仍然没有得到很好解决。中央对此高度重视，分别于 2013 年和 2015 年召开了城镇化工作会议和城市工作会议。2014 年，中共中央、国务院专门印发《国家新型城镇化规划（2014—2020 年）》，城镇化发展质量受到重视。近年来，为了实现大中小城市和小城镇协调发展的目标，采取了打造现代城市群和都市圈，发展以特色产业为支撑的特色小镇等系列举措。总而言之，我国城镇化道路的理论研究与发展实践互促互进，围绕城镇空间格局这个核心话题不断前进。

二、发达国家城镇空间格局的警示

截至2018年末，我国常住人口城镇化率为59.58%，户籍人口城镇化率为43.37%。与发达国家相比，我国城镇化率仍然较低，城镇化进程仅相当于19世纪50年代的英国、20世纪40年代的美国、20世纪60年代的日本和20世纪90年代的韩国。目前，发达国家城镇化率已经高达80%，城镇空间格局趋于稳定，考察发达国家的发展实践，是优化我国城镇空间格局的必修课。

发达国家城镇空间格局存在明显的差异性。2014年联合国公布的《世界城市化前景报告》表明，全球超过1000万人口的超级城市有28个，其中16个超级城市在亚洲，最为著名的是日本和韩国。2001年整个东京圈地区的人口达到了3368.7万人（2018年为3747万人），占日本全国人口的26%；2005年首尔都市圈的人口达到2262.2万人（2018年为2358万人），占韩国全国人口的48.1%。然而，发展超级城市并不是全球城镇化的全貌，如德国，大多数人生活在中小城市。据统计，德国总人口8000多万人，城镇化率超过90%，人口规模超过百万人的城市只有柏林、汉堡和慕尼黑三个，50万~100万人的城市有9个，10万~50万人的城市有71个，其他城市人口生活在10万人以下的小城市和城镇。

优秀的企业和人才在中小城市同样也可以得到很好的发展。众所周知，产业是城市发展的基础，而企业作为市场微观个体，是产业生产的实际完成人，对发展环境最有发言权。一直以来，我们都误认为大企业、优秀的企业是大城市的产物，其实不然，德国排名前100名的大企业，只有三个将总部设在首都柏林，很多企业的总部设在小镇上，这并没有影响到企业的市场竞争力。此

外，美国许多著名的学府都坐落在较为偏远的小城镇，如斯坦福大学位于美国加州旧金山湾区南部的帕罗奥多市境内，帕罗奥多市隶属于圣克拉拉县，圣克拉拉县仅有6万多人。相反，美国最成功的技术地区——硅谷正在经受城市过度扩张带来的诸多负面影响，暴涨的住房成本和混乱的交通使其变得越来越不适宜开办新企业。

高度重视大城市过度膨胀带来的危害——对日本私人消费变化的反思。在发达经济体，消费是拉动经济增长的绝对主力。在过去的38年中，日本GDP年均增速约2%，其中私人消费贡献了1%，也就是说，20世纪80年代以来，日本经济增长的一半是由消费贡献的。日本的消费曾经历过高速增长，日本人不仅在国内消费，走出国门消费同样旺盛。20世纪80年代以来，私人消费发生了变化，从此消费增长乏力，这与日本城镇空间过度集中不无关系。东京等都市圈不断膨胀，使城市居住需求过于集中在几个大城市，高昂的居住成本挤占了居民其他消费需求，如图1－1所示，1994年与2017年相比，日本私人消

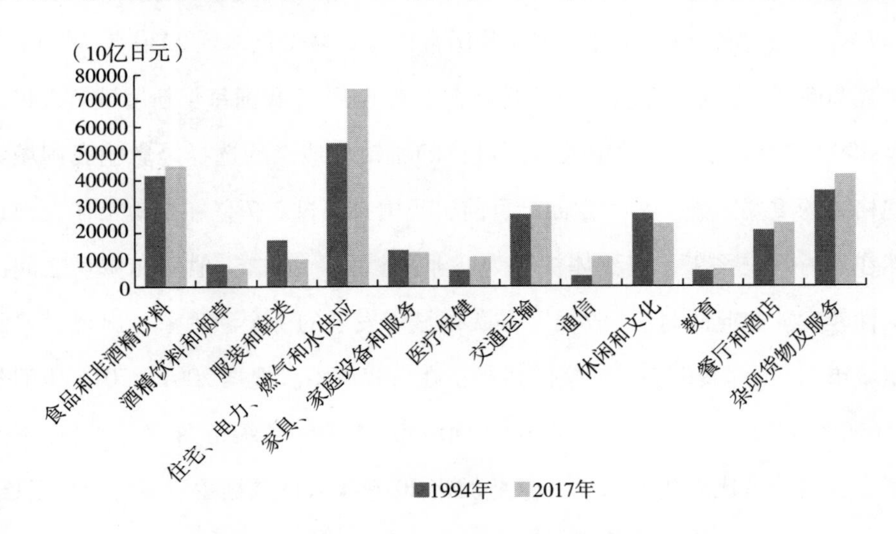

图1－1　日本1994年和2017年私人消费品比较

资料来源：姜超，于博，陈兴．日本消费：经济兴衰下的成熟之路［Z］．姜超宏观债券研究，2019－04－23.

费占比最多的是住宅、电力、燃气和水供应等居住成本，并且居住成本也是这20多年间增长最快的消费事项。目前，日本人均GDP在全球排名前10，但是出现了“有钱不敢花”的局面，日本成为了一个低欲望社会。

三、我国城镇空间格局面临重塑机遇

我国仍然处于快速城镇化发展阶段，并且城市发展开始有所分化，城市扩张并不是唯一选择，“收缩型城市”已经出现。根据世界城镇化发展规律，城镇化水平小于30%为起步阶段、30%～60%为中期阶段、60%～80%为后期阶段、80%～100%为终期阶段，在城镇化的中后期，城镇空间格局调整最为显著。2018年我国常住人口城镇化率为59.58%，户籍人口城镇化率为43.37%。一方面，根据研究预测，我国常住人口城镇化率到2030年为70%左右，到2050年为80%左右，也就是说在未来10年，我国每年新增城镇人口仍然有2000多万人，新增城镇人口所进行的城镇化地点的选择是影响我国城镇空间格局的重要因素。另一方面，目前，我国有超过2.7亿在城镇工作而户口仍然在农村的农民工，该群体被称为“半城镇化”人口，他们在城乡之间的流动性较大。与此同时，“收缩”是我国城市发展的一个新现象，出现了“收缩型城市”，也即我们的城镇空间格局正在自我调整。根据2007～2016年的数据，660个城市中，总计80个城市（地级市24个，县级市56个）出现不同程度的收缩，占比高达12.1%，这些城市2016年人口数据少于2007年，且连续三个自然年人口增长为负。

社会各界高度重视城镇空间格局变化，不断探索优化我国城镇空间格局的方法和路径。党中央和国务院高度重视我国城镇空间格局问题，2013年和

2015 年，中央分别召开了城镇化工作会议和城市工作会议，并且是与当年的中央经济工作会议“套开”。2014 年，中共中央、国务院专门印发《国家新型城镇化规划（2014—2020 年）》。习近平总书记在党的十九大报告中对城镇化发展进行了部署，提出“以城市群为主体构建大中小城市和小城镇协调发展的城镇格局，加快农业转移人口市民化”，并且以京津冀为样板打造大中小城市协调发展城镇化空间格局，要求“以疏解北京非首都功能为‘牛鼻子’推动京津冀协同发展，高起点规划、高标准建设雄安新区”。2019 年，国家发改委印发了《2019 年新型城镇化建设重点任务》，其中明确提出“按照统筹规划、合理布局、分工协作、以大带小的原则，立足资源环境承载能力，推动城市群和都市圈健康发展，构建大中小城市和小城镇协调发展的城镇化空间格局”。在学术研究方面，关于我国城镇化道路和城镇空间格局研究的讨论一直都是热门课题，各类优秀研究成果为我国城镇化发展提供了有益参考。

我国有条件和实力重塑城镇空间格局。在城镇化的前期和中期，我国城镇化最为突出的是发展速度，然而在城镇化的中后期，城镇化发展质量更为重要，以人为核心的城镇化才可持续。特别地，我国经济步入高质量阶段以后，高质量城镇化是经济高质量的重要组成部分，也是经济高质量发展的重要推动力量。为了提高城镇化发展质量，我们就要协调发展大中小城市和小城镇的发展关系，解决农业转移人口落户问题，把城市和城镇公共服务质量作为城镇化工作的重点内容。在以前，我们的经济实力有限，大中小城市和小城镇公共服务差距非常显著，中小城市和小城镇无论是交通、教育、医疗，还是营商环境等都较为落后，这也是我国中小城市和小城镇缺乏吸引力的一个重要原因。随着我国经济实力的增强、基本公共服务体系的建立，不同城市和城镇之间基本公共服务均等化受到重视，2017 年国务院还印发了《“十三五”推进基本公共服务均等化规划》，提出到 2020 年，基本公共服务均等化总体实现。从发展实践来看，我国高速铁路和城市轨道交通系统的快速发展，拉开了城市的发展框架，把更多中小城市和小城镇与中心城市和中心城区更加紧密地联系在一起，为打造现代化、高水平、协同发展的城市群和都市圈创造了条件。

四、处理好大城市的过度膨胀是关键

优化我国城镇空间格局，需要做好大城市的文章，在以大城市为核心的超大空间尺度内实现大中小城市和城镇协同发展。我国人口众多、地域广阔、产业体系庞大，大城市问题较为突出，2010 年有六个城市人口规模超过 1000 万人，而人口规模达 100 万人以上的城市有 140 个。目前所提出的发展都市圈、城市群，都是以大城市或若干大城市为核心的城市连片区域的发展。当前，我国大陆地区有 32 座特大城市和超大城市，承载了总人口的 18.6%，产生了 41.7% 的经济总量，这些大城市的健康发展备受重视。

大城市过度膨胀是普遍现象。在城市经济学中，生产和生活聚集出现多重规模效应，而城市规模扩大也是有居民、交通和环境治理等成本的。在理论上存在一个最优城市规模，但是在发展实践中，城市实际规模有比最优规模大的倾向，这主要是因为市场扭曲，使更多资源被分配至大城市。特别是作为一国的都城，居住着全国精英，他们掌握公共资源分配的权力，把都城建设得更美好，使自己有好的生活空间是“人之常情”。当然大城市过度膨胀还有其他解释。在现实中，许多国家面临大城市过度膨胀，如日本、韩国和巴西等，出现了经济和人口在少数大城市高度集中的现象。更为特别的是，在全球人口超过 1000 万人的前 29 个超大城市中，来自非洲、亚洲、拉丁美洲的发展中国家就占据 22 席。

各国都在采取措施避免和缓解大城市过度膨胀。日本政府为了改变东京一城独大的局面，1958 年就出台了“首都圈整备规划”，将东京中心城区与后来新建的住宅区隔离，以此控制城市过度膨胀，并且在东京之外扶持中小城市发展，由此出现了新宿、涩谷、池袋、大崎等诸多“副都心”，以及筑波、幕张、埼玉、横滨等“新都心”。与日本邻近的韩国，对首尔的过度膨胀也采取了相应措施，如强制性措施限制城市人口过密，并对工厂、大学等人口集中地点设施的新建、扩建进行总量控制。英国为防止伦敦过度膨胀，1946 年即出台了《新城法》，在离伦敦市中心 50 公里的范围内建设了 8 个卫星城。这些国家采取相应措施，东京、首尔和伦敦等发展成都市圈，中心城市过度膨胀得到一定程度的缓解。

第二章

城镇空间格局相关的概念与理论

做好研究工作，要先从基本概念开始，为此我们需要先弄清楚城市、都市圈、城市群和城市规模等基础概念。特别是城市规模，虽然理论上可以从人口规模、空间规模、生产规模、资本规模等多个角度进行度量，但是由于统计工作的困难，我国城市规模的度量大多数以行政区域为基础，然而我国许多按城市统计的行政区域，已经超过了经济学意义城市的边界，不但包括许多农业区域，而且不同城镇区域之间的距离甚远，与国外所定义的都市圈相似。本章还介绍了城市规模经济和城市规模不经济，也即聚集经济和聚集不经济，这两股力量是决定城市规模的关键因素，聚集经济是城市扩张的动力，而聚集不经济的存在使城市不可能无限扩张。

城市、都市圈、城市群和城市规模是一些耳熟能详的概念，但是仔细探究其内涵，有许多值得探讨的地方。城市为什么会出现？城市为什么不能一直扩张下去？决定城市规模的力量是什么？为什么一个国家或地区有不同规模的城市？不同规模城市之间关系是什么？这些基本问题与城市经济学两个基本理论密切相关，那就是城市规模经济和城市规模不经济，或称之为聚集经济和聚集不经济。下面我们就从这些基本概念和基础理论开始探讨我国的城镇空间格局问题。

一、城市、都市圈和城市群的界定

（一）城市的界定

对城市进行定义[①]，是城市经济学研究的起点。从中文字面意思来看，城市是“城”与“市”的组合词。“城”是主要为了防卫，并且用城墙等围起来的地域；“市”则是指集中买卖货物的固定场所。《辞源》将城市定义为人口密集、工商业发达的地方。我国人口普查中提到的城市和自治市都为行政意义上的城市，指某一个行使政治权力的区域，并非经济意义上的城市。然而，经济学意义上的城市，主要指“人口密度高，并且在一定范围内经济活动具有密切联系”的区域，对于城市经济学研究工作者来说，显然要将两者区别开

① 关于城市的起源，存在争议。一派观点认为，农业发展在先，首先发展的是农村，然后才是城市，农业食物的过剩，被认为是城市形成的前提条件；另一派观点认为，包括农业劳动在内的农村经济，乃是直接建立在城市经济和城市劳动的基础之上的（雅各布斯，2007）。

来。虽然空间范围内的邻近是基础，但是行政关系并不代表经济联系，特别是并不表明有相当程度的“密切关联”。

在《城市经济学》中，奥沙利文对经济意义上的城市用三种术语来表示，分别是市区（Urban Area）、城市（City）和大都市区（MA）。但是关于城市的相关概念，有诸多延伸，在不同国家有不同的称谓，是一个系统。在美国，奥沙利文（2000）对其进行了总结，主要包括如下 8 个概念：城镇地区（Urban Place）、市区（Urban Area）、自治市或区（Municipality）、城市（City）、城市化区域（Urbanized Area）、大都市区（Metropolitan Area，MA）、大都市统计区（Metropolitan Statistical Area，MSA）、联合大都市统计区（Consolidated Metropolitan Statistical Area，CMSA）。城市化区域、大都市区、大都市统计区和联合大都市统计区已经突破单个城市，与都市圈和城市群类似。

使用最广泛的概念是城市（City），无论在一般性的报道还是学术研究中，“City”出现的频率最高，如中国的北京、日本的东京、美国的纽约、英国的伦敦、法国的巴黎等城市，它可以指特定的行政管辖区，也可以指经济含义的城市，根据使用的环境而变化。在国外，行政管辖区的变化很少，但是随着经济活动向周围扩散，大都市市区的郊区化往往超过了行政界线，例如，纽约向新泽西州扩散，洛杉矶向周边的桔县发展，当然，城市的发展不但突破了行政界线，并且有向大都市聚集的趋势，形成了以核心区为中心，与周围邻近地区相联相通的空间形态，因此，大都市区（Metropolitan Area，MA）的概念在美国和加拿大等发达国家使用较为频繁，联合国对此类空间形态所使用的标准表述为城市聚集区（Urban Agglomeration）。

在中国，虽然对城市的概念有过多种定义，但是与实体地域相联系的城市概念并没有科学的标准，以及相对应的统计标准和统计资料。当然，随着研究的深入，行政单位意义上的城市概念被大多数研究者所接受，但是与国外的研究概念相比，这种基于行政意义上的概念，可能只是为研究便利所进行的一种

被动选择。这是因为，我国行政意义上的城市所包含的范围比较广，有市辖区和市所管理的县，而市辖区与所管理的县在地理位置上可能相连，但是其经济核心可能相距较远，并且两者经济发展水平差距比较大。在市辖区内部，不同的区之间经济发展水平差距同样非常明显，有些城市的核心商业区无论是人口密度还是生产总值密度可与发达国家相比，但是一些刚刚划入市辖区的区域或城中村区域，无论是人口密度还是生产总值密度都与农村地区无异。

另外，行政意义上的城市，被我国大部分学者作为研究对象，也是基于研究资料可得性的考虑。《中国城市统计年鉴》是研究城市较为全面的资料，基于行政意义，将城市划分为全市和市辖区，生产总值、人口和就业等在两个层面上都有数据。正如上段所言，"全市"包括了市政府所管辖的县，而在这些县域空间里一般都有大量的农村地区，这将使"全市"层面的数据，并不具有城市经济学的研究意义；"市辖区"以城市建成区为主，更符合城市的基本特征。所研究的城市如果指地级以上城市，上述的市辖区的概念是一个比较好的选择，这是因为用市辖区进行分析，一方面，在地级行政区内市辖区相对稳定，地理空间上的变化比较少，统计资料具有连续性，便于比较（陆铭和欧海军，2011）；另一方面，在经济学含义上，中国的市辖区称为城市可能更加合理（Desmet & Rossi - Hansberg，2013）。

在我国城市管理层面，最为重要的是一个城市的总体规划，需要由国务院批复。随着城市发展，每个城市的总体规划都在不断更新。例如，新中国成立以来，长春市已经先后编制了1953版、1980版、1996版、2011版四版城市总体规划，每次规划都明确界定了城市范围，而这个范围往往也是城市政府确定行政范围的依据。

（二）都市圈的界定

各界普遍认为，“都市圈”的概念首先由日本提出，但是与之有相同内涵的概念在其他国家早已有之。例如，前文所讲的都市区（Metropolitan Area），也译为大都市区，一般情况下，它还泛指所有的大都市统计区、基本大都市统计区和综合大都市统计区。根据现有文献查询结果，都市区最早由美国于1949年提出，逐渐在欧洲各国和日本被广泛采用。1949年美国协调委员会（Interagency Committee）将标准大都市区（Standard Metropolitan Areas，SMA）定义为“一个较大的人口中心及与其具有高度社会经济联系的邻接地区的组合”。

目前，各国对“都市区”的定义和判定标准存在差异，但是核心内涵基本趋同，一般是指“一个大的人口核心以及与这个核心具有高度社会经济一体化的邻近社区的组合”。相对于古老的城市，都市区是一种新型城市空间组织模式，更加强调城市功能地域一体化发展趋势，其本质的判定依据是“统一的劳动市场”，由此演化成后来的通勤圈。随着对都市圈研究的深入与拓展，从劳动力市场进展向其他领域延伸。综合来看，都市圈发展要在一定城市空间尺度上实现人员、物资、资金、信息等各种高流通经济要素在地域内的一体化趋同，并且在公共服务领域实现扁平化。都市区的发展和认识是一个动态的过程，其形成和演化实质上是城市规模经济演进在地域空间上的组织形式。

日本引入都市区概念后，依据自身文化特性、城市发展和语言习惯等进行了创新，提出了都市圈的概念。随着特大城市发展需要，日本对都市圈的界定也在不断变化。20世纪50年代，日本行政管理厅将都市圈定义为：以一日为周期，可以接受城市某一方面功能服务的地域范围，中心城市的人口规模须在10万人以上。1960年又提出“大都市圈”，指中心城市为中央指定市，或人

口规模在100万人以上，并且邻近有50万人以上的城市，外围地区到中心城市的通勤率不小于本身人口的15%，大都市圈之间的物资运输量不得超过总运输量的25%。此时，大都市圈与国内所理解的城市群类似。1975年，日本总理府统计局对于都市圈的界定标准为人口100万人以上的政令指定城市，外围区域向中心城市通勤率不低于15%。在日本学术界，基于职住分离的城镇空间发展特点，对都市圈的定义基本围绕中心城市人口规模和外围与中心的通勤关系，不同的学者对两者具体数值有不同的理解。

我国学术界20世纪90年代中后期开始重视对都市圈的研究。对都市圈的定义更强调中心城市发达的城镇密集区域，如将都市圈定义为由强大的中心城市及其周边邻近城镇和地域共同组成的高强度密切联系的一体化区域。目前，国内对都市区或都市圈的基本认识有如下三点：其一，强调它是一种城市功能地域，由具有一定人口规模的中心城市和周边与之有密切联系的城市或城镇等组成，并强调了中心城市和外围市县之间双向互动的经济联系。其二，其可能跨越行政边界的性质，这一点与我国城市行政管辖区域划分的特点有关，也是我国目前都市圈发展相关政策和规划落地的重大障碍。其三，都市区构成区域内可以有地级市、县级市及县等不同行政级别的单位，体现了我国都市圈内部城镇体系的相对完整性。

我国对都市区或都市圈的界定标准主要是以非农业人口和行政级别作为中心市的标准，并以非农产业的发展水平作为确认都市区范围的指标。从大都市区是城市功能区的概念出发，其包括具有一定人口规模的中心城市和周边与之有密切联系的县域，而中心城市为核心区域。在这个界定标准体系中，中心与外围的认定至关重要，这两者也是争议较大的地方。例如，宁越敏（2011）将设区城市的区、县级行政单元分为三类：一是全部人口都为城镇人口的市辖区，包括传统的老城区和人口密度超过1500人/平方公里的近郊区；二是人口密度低于1500人/平方公里，但城市化水平较高的市辖区；三是含有较多乡村人口的区、县（县级市）。都市区包括前两类地区，其中第一类为“中心市”，第二类为“外围县”，第三类不属于都市区。

近年来，随着城市规模不断扩大，地方政府开始重视都市圈发展，都市圈研究从理论层面走向实践。部分地区提出符合区域城镇空间发展特点的都市圈概念，如上海有上海大都市圈、陕西有大西安都市圈、四川有成都都市圈、江西有大南昌都市圈等。此外，江苏提出构建南京、徐州和苏锡常三个都市圈，浙江提出打造杭州、宁波、温州和金义四大都市区，内蒙古提出发展蒙中部都市圈，甘肃提出建设兰州都市圈，新疆提出建设乌鲁木齐都市圈，青海提出建设西宁都市圈。

2019 年，国家发展改革委印发的《关于培育发展现代化都市圈的指导意见》认为，都市圈是城市群内部以超大特大城市或辐射带动功能强的大城市为中心、以 1 小时通勤圈为基本范围的城镇化空间形态。这是我国第一个指导都市圈发展的国家级文件，其对都市圈给出了明确定义，并且进行了国际接轨，从通勤的角度来定量界定都市圈范围。但是在实际运用过程中，仍然有些概念较为模糊，如超大特大城市或大城市的中心认定问题以及通勤圈的内涵，特别是在存在多个中心城市的情况下，并没有对都市圈中心给出明确的人口密度或 GDP 下限。

（三）城市群的界定

“城市群”概念是有中国特色的名词，最早使用“城市群”术语的是地理学家宋家泰。在其他语言体系中并没有与之直接对应的概念，后来所使用的 Urban Agglomeration、City Cluster 和 City – regions 等均为中文名称的英文翻译，但是与之思想或核心内涵类似的概念则大有存在，如大都市带（Megalopolis）、多中心巨型城市区域（Polycentric Mega – city Region）、都市连绵区（Metropoli-

tan Interlocking Region）等。在这些概念中，大都市带出现最早，而都市连绵区则是由国内学者于20世纪80年代根据这一概念延伸而来的。

1957年，法国地理学家戈特曼在研究美国东北部城市化现象时提出大都市带（Megalopolis）的概念[①]——该地区集聚了若干个大都市区，代替了以往的单一城市，并在人口与社会经济的紧密联系中形成了巨大的城市体系。戈特曼认为大都市带是在特定地区出现的沿着特定轴线发展的巨大的多中心城市网络，由许多都市区首尾相连，是区域内各种发展轴线的枢纽、国家对内以及对外联系网络的枢纽，其人口规模达2500万人以上，人口密度为250人/平方公里。

多中心城市区域最先起源于欧洲，1966年Peter Hall关注了以边缘城市为代表的郊区次中心化现象，城市新中心可以逐渐地偏离既有中心，巨型城市空间组织模式呈现网络化特征。1986年，周一星借鉴西方城市不同尺度空间单元体系，提出了与大都市带（Megalopolis）对应的中国概念是都市连绵区，指出我国沿海六大城镇密集地区（指长江三角洲地区、珠江三角洲地区、辽中南地区、京津唐地区、山东半岛地区和福建沿海地区）演化成为都市连绵区的趋势。

在1992年出版的《中国城市群》一书中，姚士谋等对中国城市群开展了系统的研究，认为城市群是指在特定的地域范围内，以一个或两个超大或特大都市作为核心，借助现代化的交通工具和综合运输网的通达性，以及高度发达的信息网络，发生与发展着城市个体之间的内在联系，共同构成一个相对完整的城市集合体。目前，学术界对城市群却缺乏普遍认可的、清晰的界定，城市群没有明确的人口规模标准和空间范围，由此引发了概念与实际应用上的

① 部分文献认为戈特曼并不是第一个提出Megalopolis的学者，而是格迪斯（Geddes P.，1904）在《科学信仰的理想》论文集提到了Megalopolis，但是没有系统深入分析，并且其在1915年的《进化中的城市》使用了另外一个概念“城市综合体”（Conurbation）。

分歧。

城市群的城镇空间形态在我国相关文件中较早地得到肯定。2010 年，国务院印发的《全国主体功能区规划》提出，要把城市群作为推进城镇化的主体形态，并将城市群分为特大城市群、大城市群和区域性城市群，其中环渤海、长三角、珠三角三个特大城市群，还有哈长、江淮、海峡西岸、中原、长江中游、北部湾、成渝、关中—天水、太原、中原、环长株潭等大城市群和区域性城市群。2014 年，中共中央、国务院印发的《国家新型城镇化规划(2014—2020 年)》指出，以城市群为主体形态，推动大中小城市和小城镇协调发展，其中东部地区主要发展京津冀、长三角和珠三角城市群，中西部和东北地区重点发展成渝、中原、长江中游、哈长等城市群。2017 年，党的十九大报告再次强调，以城市群为主体构建大中小城市和小城镇协调发展的城镇格局。2018 年，中共中央、国务院印发的《关于建立更加有效的区域协调发展新机制的意见》指出，建立以中心城市引领城市群发展、城市群带动区域发展的新模式，推动区域板块之间融合互动发展。

当然，在上述文件指导下，各个城市群的发展规划都界定了城市群范围，如 2016 年发布的《长江三角洲城市群发展规划》，将长三角城市群空间范围界定为上海市，江苏省的南京、无锡、常州、苏州、南通、盐城、扬州、镇江、泰州，浙江省的杭州、宁波、嘉兴、湖州、绍兴、金华、舟山、台州，安徽省的合肥、芜湖、马鞍山、铜陵、安庆、滁州、池州、宣城共 26 市。从都市圈和城市群的空间组织形态特点来看，都市圈以区域劳动市场融合为一体为基础，建立了较为成熟的通勤空间，是比城市群要求更高的城镇空间协作模式。一般而言，都市圈范围小于城市群，如长江三角洲城市群内部还有南京、合肥、苏锡常、杭州和宁波等都市圈。

二、城市规模的含义与度量

城市经济学和经济地理学所研究的重要内容之一是城市规模，指在一定的城市空间内所包含的人口资源、土地地源、生产产值，建筑数量等，可能从经济规模、空间规模和人口规模三个角度来度量，并且这三种度量方式相互关联、相互影响。城市人口规模扩大意味着一定空间内的市场扩大，城市经济规模扩张有了市场根据，而城市经济规模扩张反过来将吸引更多人口加入该城市经济体内。无论是人口规模还是经济规模的变化都将在空间上有所反映，表现为城市空间规模的变化，当然城市空间规模变化也影响前两者。例如，城市空间向外扩张，提供更多土地给厂商和居民，一方面使厂商有更多生产用地，居民有更多住房，吸引厂商向其聚集，居民居住质量提高使城市更有吸引力，另一方面居民和厂商在城市内部的运输成本上升，厂商产品在城市内运输费用更高，居民通勤成本更大，这些又限制一个城市的人口规模和经济规模。

城市经济规模是经济意义上的一个笼统概念，指在一定的经济运行环境下的所有经济资源，如一个城市经济体全部的资本、劳动力和产出的总和，度量一个城市的经济规模使用最频繁的是一个城市总产出，即城市的地区生产总值（GDP）。与国外的城市研究相比，中国的城市研究有一个明显优势，那就是地级及以上城市提供了在市辖区层面的地区生产总值，并且这个变量的数据质量相对较高（Au & Henderson，2006）。

以城市的地区生产总值来度量经济规模，需要注意如下两点：第一，城市的产出总量并不能代表该城市的发展水平，也不能反映该城市的长期竞争力和经济结构情况，在分析过程中要进行区分；第二，应该关注城市经济增长的可持续性，生产规模越大，生产过程中产生各种废弃物对环境的污染可能越严重，如排放二氧化碳和二氧化硫等对居民健康的负面影响。

虽然一个城市的资本总量的度量比较困难，但是已经有部分学者对中国城市资本存量的度量问题进行了探索，如柯善咨和向娟（2012）估算 1996 ~ 2009 年地级及以上城市的固定资本存量。对于一个城市劳动力投入的度量也相对比较容易，并且《中国城市统计年鉴》提供了三次产业的单位从业人员就业状况、年末单位从业人员数以及城镇私营和个体从业人员数，但是一般情况下大部分非正规就业人员①并没有进行登记，而在中国有大量的非正规就业人员，因此运用这些数据来度量一个城市的劳动投入总量仍然存在不足。

城市空间规模是指一个城市居民商品生产、生活居住、商业贸易、交通运输、休闲娱乐等活动所使用空间的总和，一般意义上用所有建设用地的面积来度量。城市空间规模的发展以土地为基本承载，然而与之相匹配的自然环境还包括，在一定技术条件下，所研究的城市空间内的水资源、大气环境、绿化情况等资源。无论是基本承载还是环境资源等外延承载，对一个城市的发展都至关重要，当然从经济学研究的角度，城市的土地资源作为生产和生活的初始资源（Pflüger & Südekum，2010），在传统意义的城市空间规模研究中以土地为基本依据，已经建立起城市土地的理论分析体系。

传统研究忽视城市的外延承载，对生态环境的整体性关注不够，随着人们生活水平的提高，对其外延式承载环境更加重视，生态环境的承载能力研究将成为一个热点。以行政单位为基础的城市，土地资源也比较容易度量，特别是《中国城市统计年鉴》还提供了行政区域土地面积②，以及更多经济意义的市

---

① 未签订劳动合同，但已形成事实劳动关系的就业行为，称为非正规就业。

② 行政区域土地面积是指在该行政区划内的全部土地面积（包括水面面积），计算土地面积以行政区划为准。

辖区建成区面积①，由于城市生态环境研究比较晚，现有的数据资源并没有提供一个较好的度量方式，这是城市未来定量研究的一个发展方向。

城市人口规模是指在一个城市内居住的全部人口的总和。与城市经济规模中的劳动力投入规模有所区别，城市人口规模还包括一些并没有进入劳动市场的人口，如家里的老人和小孩，以及尚未进入劳动市场的学生，劳动力作为一种生产资源代表了生产的规模，但是城市人口规模中的总居住人口包含了人的日常生活的所有活动规模，如消费规模、通勤规模等。后一种度量方式，在城市经济学研究中，也有特殊意义，例如，在城市经济学中通勤成本是一个很重要的概念，当然使用城市人口规模来反映通勤成本更加合适。此外，在新经济地理学中，市场消费规模在区域发展中至关重要，此时使用城市人口规模也更加合理。以武汉市为例，在校大学生近100万人，虽然这些人口并没有进入劳动市场，但是他们居住在武汉、消费在武汉，故而，研究武汉的市场消费能力，应当使用包括在校大学生在内的城市人口规模。

《中国城市统计年鉴》提供了“全市”和“市辖区”的年末总人口②和年平均人口③，根据经济学理论，以城市居住人口总量来度量更加合适。有的学者使用《中国城市统计年鉴》的地区生产总值除以人均国内生产总值的方法（Desmet & Rossi - Hansberg，2013），以期得到城市居住人口的规模，但是《中国城市统计年鉴》在计算人均地区生产总值时，有的城市使用的是常住人口规模，有的使用的仍然是户籍人口规模，因此，这种计算方法得到的数据可

---

① 建成区面积指市政区范围内经过征用的土地和实际建设发展起来的非农业生产建设地段，包括市区集中连片的部分以及分散在近郊区与城市有着密切联系、具有基本完善的市政公用设施的城市建设用地（如机场、污水处理厂、通信电台）。

② 年末总人口指本市本年12月31日24时的人口总数，为公安部门的户籍人口数。

③ 年平均人口指一年内各个时点的人口的平均数。年平均人口数是综合反映年内的人口规模的主要指标，也是计算出生率、死亡率、自然增长率、人均国内生产总值等经济指标的必要指标。其计算方法可利用一年中12个月的月末人口相加除以12求得，在实际工作中，经常根据年初人口数加年末人口数除以2计算求得。

能更不具有可比性。

三、城市规模经济的相关理论

与城市的空间地理特性相结合，同时参照经济学一般意义上的规模经济的含义，可以将城市规模经济初步定义为：技术水平、人力资本水平和产业结构状况等条件不变，在一个城市内如果劳动和资本等生产要素投入量扩大1倍，对应城市的经济产出总量扩大超过1倍，这说明该城市生产规模报酬递增，表现为城市规模经济。也就是说，城市规模经济指城市生产等比例增加投入提高了整体的生产效率，城市总产出有更大比例的增加。对于城市规模经济的内涵，诸多学者做出了里程碑式的贡献。

斯密的劳动分工理论对城市规模经济研究做出了贡献。斯密在《国富论》中指出，制针工人独立工作，完成整个制针的生产，那么无论其生产效率多高，一天的产量绝对不可能超过20枚。但是如果将10个工人组成一个制针厂，每个工人分别完成制针生产中的某一个生产工序，并且专业从事该工序，那么该制针厂一天可以完成48000枚针的生产，人均产量达到4800枚，每个工人的生产效率提高了240倍。斯密的社会分工与合作理论可以运用于城市的规模经济，生产的分工虽然提高生产率，但是随着生产工序的复杂和增多，每个工序之间的空间距离变得越来越大，合作过程的成本在增大，而一个城市生产的空间聚集为分工之后的合作提供了空间保障，同一产业或相关联产业的厂商，当然也包括一些等级较低产业的厂商，坐落于同一个城市，以确保各个生产流程的距离不至于太远，而影响到合作的效率（Becker & Murphy，1992）。

恩格斯在《英国工人阶级状况》中明确指出城市规模经济的巨大力量。

以英国伦敦为例，资本家们将其建为全世界的商业首都，那里有许多巨大的船坞，并且有成千上万只船长期分布于泰晤士河，这使伦敦的规模庞大，花几个钟头难以看到它的全貌，也难以到达象征城市边缘的开阔田野。总之，伦敦是一个特别的地方，有250万人聚集于此，并且人口大量聚集使这些人的力量大大增强，甚至可能增幅超过100倍[①]。可以看出，虽然恩格斯没有提到城市规模经济，但是通过实例指出大城市的生产力优势，是最早直接指出城市规模经济思想的人。

屠能对于城市规模经济问题给予了明确的解释。首先，市场对产品的需求规模决定了厂商的生产规模。其次，工业化厂商内部生产的规模经济，主要体现在使用机器设备节省劳动力，实现了生产的低成本和高效率。再次，出于某些原因，其中生产的分工程度是一个至关重要的因素，只有在某些重要领域才能建立大规模生产的厂商，这也解释了为什么大规模生产的厂商比小工厂的人均劳动生产效率高出很多。最后，由于大规模生产需要更加细致的分工，形成许多从事专业化生产的车间，而各个专业车间的协调至关重要，因此，各个生产车间的空间距离将对生产效率有重要影响。现有的经济学理论并未给予这一生产的空间因素足够的重视。但是，正是由于生产所具有的空间因素对厂商分布具有社区性提供了解释，反之，就算其他各方面条件都具备，如果将工厂建立在孤立的地方，那么将会给工厂的运营带来诸多不利影响[②]。

马歇尔虽然没有对城市问题进行直接讨论，但是马歇尔的著作《经济学原理》对工业化生产的分析涉及空间问题，并使后来的研究者提炼出“马歇尔外部性”，即生产活动的空间外部性。根据马歇尔的讲述，经济活动具有“内部经济”和“外部经济”，大量的工业生产厂商聚集于某一特定的区域具

① 恩格斯．英国工人阶级状况［M］．北京：人民出版社，1956.

② 约翰·冯·杜能．孤立国同农业和国民经济的关系［M］．吴衡康译．北京：商务印书馆，1986.

有好处，这是一种厂商分布聚集带来的“外部经济”，他首次在经济学分析体系中考虑这种生产所具有的空间属性。他还提到工业厂商的区位选择也与一个地区的自然条件密切相关，如丰富的矿产资源将吸引炼矿厂的聚集①。在后来的区域经济学研究中，进行了更加细致的讨论，将聚集经济分为地方化经济（Local Economics）和城市化经济（Urban Economics），其中，地方化经济即马歇尔的“地方性工业的利益”。

韦伯首次提出“聚集经济”，并且所提到的聚集因素与城市规模经济是相互关联的。一个地区的聚集因素如果活跃，那么聚集过程存在两个阶段，在第一个阶段也即低级阶段，主要表现为企业扩张而形成的工业集中，第二个阶段表现为大企业以一个完善的整体的形式在某一地区集中，这是一个高级阶段的聚集。同小规模生产相比，大规模生产显著的经济优势（这里不是大企业同小企业的优势对比）就是有效的地方性集聚因素②。由此可见，生产的规模经济与聚集经济密切相关，厂商生产的规模扩大必然体现空间的扩张，而扩大规模带来的经济利益主要指聚集经济。

国内学者也对城市规模经济的内涵进行了研究。饶会林等（2008）在论述城市规模效益时指出其具有如下四点重要的性质：第一，规模效益的溢出效益，资本投入量的追加量比原先投入量的经济效益可能更好；第二，规模效益在厂商生产力上也有体现，规模效益一般发生在同行业或不同行业但具有紧密横向联系的企业之间；第三，规模效益的生产关系性质，规模扩大往往需要顾及长远利益和整体利益；第四，实现规模效益的社会进步性，规模效益的实现，体现和加强人的团结、协作精神③。

---

① 阿尔弗雷德·马歇尔．经济学原理（上卷）［M］．陈瑞华译．西安：陕西人民出版社，2006.
② 阿尔弗雷德·韦伯．工业区位论［M］．北京：商务印书馆，2010.
③ 饶会林等．现代城市经济学概论［M］．上海：上海交通大学出版社，2008.

四、城市规模不经济的相关理论

随着城市规模的扩大，将产生无法避免和消除的聚集成本。正如雅各布斯（2007）所指出的："与城镇和乡村相比，城市中即便是再常规、再普遍的活动——上下班、搬东西、绿化、学校建操场、处理垃圾——都需耗费巨大的人力、物力、财力。"① 国内学者冯云廷（2001）也认为，聚集使效率提高的同时也带来了成本，并且这种成本的大小很关键。因此，在研究城市规模经济的同时，也要考虑城市规模不经济，也即聚集的成本。

恩格斯在看到伦敦生产优势的同时，也看到为此所付出的代价主要由工人阶级承担。在拥挤的街道上，排得像长龙的车辆费力地穿行着，工人阶级花费大量的时间上下班；在这个世界大都会里，人们创造了文明奇迹，但是这里的"贫民窟"，使人感觉到这些都是以人的优良品质为代价的；人们身上的力量并没有得到完全的发挥，这些力量之所以被压抑，是为了给一小部分人的力量发挥提供足够的空间，并将这一小部分力量与其他大部分人的力量相结合，产生力量倍增效应。由此可见，拥挤的伦敦也存在违反人性的一面②。

许多学者认识到城市规模扩大产生规模经济的同时，也有聚集成本，城市的形成和发展主要由这两种力量决定。Fujita 和 Thisse（1996）认为，具有空间意义的数理模型，应该包括两种相反的经济力量，离心力（Centrifugal Forces）和向心力（Centripetal Forces），经济体中这两种力量分别产生"推

① 简·雅各布斯．城市经济［M］．项婷婷译．北京：中信出版社，2007.

② 恩格斯．英国工人阶级状况［M］．北京：人民出版社，1956.

力”和“拉力”，从微观个体的角度，选择任意区位的效用和利润都一样，实现了两种力量的均衡。这两种力量的经济学含义可以进一步表述为，经济活动空间聚集产生的利益变成一种对微观个体的吸引力是指“向心力”；反之，经济活动聚集规模扩大所产生的成本而形成的分散力是指“离心力”。

杜能对这种离心力也早有论述。杜能从以下几点来描述离心力量：第一，如果考虑运输费用比较高，那么大城市原料的价格要比小城镇更贵；第二，如果将生产出来的机器制成品再分销到农村消费者手中，那么就产生分销过程中的运输和销售费用；第三，大部分的日常必需品，尤其是产于农村的木柴等，大城市居民承担更高的运输成本，因此，大城市生活成本更高，这就要求工人向厂商索要更高的名义工资进行弥补，导致大城市厂商的生产成本更高[①]。杜能的上述论述清楚地表明，大城市生产成本比小城市更高，这也是大城市离心力量的主要来源。

随着对城市经济活动的分析更加深入，城市规模不经济的形式也更加具体。其中，比较典型的是城市空间扩张和人口数量增加带来的拥挤所产生的不便与损害。根据高德公司发布的《2015 年第三季度中国主要城市交通分析报告》[②]，北京通勤族每月因拥堵造成的时间成本最高，为 808 元[③]，广州排第二，为每月 753 元，以后依次是深圳每月 728 元，上海每月 649 元，大连每月 628 元，天津每月 601 元，长沙每月 565 元，武汉和重庆每月 556 元，南京每月 551 元。

根据 Wirth（1938）的观点，更多的人口聚集城市规模的扩大，城市内部人与人的社会关系更弱，社会群体之间的融合度下降，进而降低社会控制

---

① 约翰·冯·杜能．孤立国同农业和国民经济的关系［M］．吴衡康译．北京：商务印书馆，1986.

② http：//news. xinhuanet. com/info/2015 – 11/25/c_ 134852979. htm。

③ 按每月 22 个工作日、每天通勤 2 小时计算；北京月平均工资为 6463 元，通勤拥堵的时间成本占月平均工资的比重为 12. 5% 。

水平，城市的社会管理难度加大。特别是，如果一个城市出现快速的人口变化，新进入的人口与原有人口在生活方式和价值观念等方面都存在异质性，增加了城市内部与不信任人群接触的机会，城市的社会关系偏向于不稳定。改革开放以来，农民工大量进入城市工作，虽然其有工作和收入，但是由于各种体制以及经济原因，并没有真正地融入城市生活，这也大大增加了我国城市的社会管理难度。例如，深圳有大量的流动人口，社会安全问题一直被各界所关注。

城市人口规模增多，一方面生活更加集中，另一方面生产规模也扩大，都将在一定空间内产生更多噪声。噪声肆虐于美国的大城市，人们创造出“噪声污染”这个词来表示噪声的危害[①]，其中，大城市中心区的噪声比郊区和小城市高出两倍（Hoch，1972）。当生产产生的机械噪声成为问题的时候，人们只想着回避：将制造噪声的工厂划到特殊区域。这一举措并没有消除噪声，只是回避了它。机械装置不断增加，消除噪声的方法却没有发展起来。解决噪声问题应该依靠新商品和新服务，如消音设备、减震设备、新的隔音材料和得力方法。

另外，有研究表明，随着城市规模扩大，城市的社会成本上升，如大气污染成本和犯罪成本等（Hoch，1972）。其中，Glaeser 和 Sacerdote（1999）认为，由于大城市人口众多并且有钱人更多，在大城市犯罪的金钱收益更大，与此同时，由于人口基数大，人与人之间的社会关系比较弱，被逮捕和认出（Recognition）的概率更小，因此，大城市比小城市和农村的犯罪率更高。统计数据表明，美国人口超过 25 万人的大城市的暴力犯罪率大约是人口低于 1 万人的小城市的 2 倍，另外，城市规模与犯罪率弹性系数的估计结果表明，一个城市人口规模扩大 1 个百分点，该城市的普通犯罪率上升 0.15 个百分点。

① 简·雅各布斯．城市经济［M］．项婷婷译．北京：中信出版社，2007.

Alesina 等（2000）认为，大城市有更好的公共服务设施，而一些公共服务不用支付费用就可以“消费”，直接提高本地居民的生活质量，收入水平比较低的居民，被大城市的公共服务设施所吸引，因此，往往大城市的收入分配不均等更加明显。

虽然上文介绍了多种形式的城市规模不经济，但是对它们的判断一方面要基于价值观念，不存在加总的可能性，另一方面每个居民所感受到的不经济程度可能有显著的差异，所以对一个城市的规模不经济进行度量是一项相当困难的工作。例如，在关于美国的一项城市调查中，大众所选出来的 21 世纪世界上最好的城市是纽约，但是在同一项调查中，纽约被评为世界最差的城市。当然，现有文献对城市规模不经济的定量分析进行了尝试，其中，价格反映了生产成本和生活成本，价格机制在市场经济的资源配置中起决定性作用，故而，以城市规模与价格之间的关系为突破口似乎是一个好的开端。

Shefer（1970）通过多种统计性分析表现，城市的生活成本与城市区域的人口规模不存在相关关系，生活成本差异更多体现在地理区域之间，而不是体现在不同规模城市之间。然而，Hoch（1972）认为，大城市名义工资更高，主要是因为大城市的生活成本更高。另外，Izraeli（1977）研究发现，就算生产要素没有流动的障碍，在一个国家内部不同的地点，名义的工资和价格都存在显而易见的差异，这种空间上的差异，可能通过环境公共品（如气候、清洁空气和公共服务等）的质量进行解释。Ellis 和 Andrews（2001）发现，相对于其他类似的国家，澳大利亚住房部门价值占整个财富的比重异常高，这主要是因为大城市的平均住房价格大于小城市的平均住房价格，而澳大利亚的人口集中于两个大城市。Combes 等（2012）运用法国的数据，通过计算城市规模的土地价格弹性系数，来估算城市规模扩大的聚集成本的弹性系数，与以往所估算的城市规模扩大的规模经济的弹性系数非常接近。

本章小结

城市、都市圈、城市群、城市规模、城市规模经济和城市规模不经济是本章研究所涉及的重要概念，通过梳理现有文献对与这些概念相关的理论进行总结，以及结合我国城市发展的相关特性，可以得出如下结论：

（1）城市既可以指行政意义上的管辖区，又能代表人口聚集区，在发达国家，城市化率比较高，城市与乡村地理边界模糊，城市发展出现郊区化的趋势，使得从空间角度来划分一个城市更加困难，美国和加拿大等学者以大都市区的概念代替城市，而联合国用城市聚集区来表述。我国各界在借鉴国外发展经验和概念的同时，结合我国城镇化发展实践，逐渐将都市圈和城市群作为研究城镇空间形态的主要对象。

（2）当前，发展以大城市为核心的都市圈和城市群两种城镇空间形态已经在我国政策层面形成共识，但是具体界定方法、发展政策、发展战略等内容仍然需要深入研究。一般而言，都市圈空间范围小于城市群，但是这两个概念都强调城际关系。都市圈以中心城市为核心，主要研究其与周边中小城市和城镇的发展联系，而城市群可能不仅一个中心城市，而且城际关系也是基于一种网络形态的密切联系，是多个城市相互之间的联系。当然，由于城市的边界较为模糊，其与都市圈在空间范围确定和区别上可能存在困难，在城市群内部往往也存在一个或多个都市圈，而不同都市圈还可能存在空间重合现象。

（3）虽然对中国城市的界定尚未形成共识，对与空间实体相联系的城市的界定没有科学的标准，但是根据统计资料的可得性，行政单位意义的城市被大多数研究者所接受，并且市辖区更加接近经济意义上的城市。当然，随着我国新农村建设的推进以及城市发展的地理空间需求增大，城市与农村的边界也将模糊，因此，中国的城市界定应该与时俱进，适时体现新变化。虽然都市圈和城市群得到认可，但是两者的界定并没有形成共识，在范围界定方面还有更多工作需要做。

（4）城市规模可以指经济规模、空间规模和人口规模，一般以人口规模为研究对象，这是因为城市经济学所研究的大多数问题都与一个城市的人口规模有关。结合现有文献对中国城市的界定，用市辖区常住人口规模度量城市规模比较合适，受户籍制度的影响，中国统计部门所统计的市辖区人口在大多数情况下仅包括户籍人口。城市规模基本还是单个城市的概念，并没有考虑都市圈和城市群等，但是都市圈和城市群可以以单个城市为基础，根据合理科学的界定范围进行研究。

（5）传统意义上的规模经济指所有生产投入同比例增加，将产生更大比例的经济产出扩张，在城市经济学中可以借鉴这一定义的模式来界定城市规模经济，但是我们应该注意到城市规模扩大并非所有的生产投入是同比例变化的，与之相对应的是城市的产业结构发生了变化，大城市第三产业的占比相对较高。因此，分析城市规模扩大的生产率效应要注意城市的产业结构变化。

（6）聚集不经济指城市规模扩大产生的成本上升，此成本包括住房成本、通勤成本、环境成本、企业生产成本以及社会管理成本等，随着研究的深入，城市扩大所带来的其他不利影响也将受到关注。

第三章

重新认识城市规模的生产率效应

对于城市规模扩大的生产率效应，在理论上并不能给出明确的答案，现有文献对城市规模与生产效率的实证关系进行研究，得出的结论也不一致。以城市规模一次项为核心解释变量的研究得出城市规模扩大对生产率有正向效应的结论，而同时加入了城市规模平方项的研究认为存在最优城市规模。设定特定函数形式可能掩盖了城市规模与生产率之间的真实关系，本章采用中国地级及以上 285 个城市 2003 ~ 2012 年的数据，建立含有固定效应的部分线性面板数据模型。实证结果表明，中国城市在人口规模达到 110 万人之前，城市规模扩大，生产率显著提高，在此之后，不同人口规模城市的生产率无显著差异。

《国家新型城镇化规划（2014—2020年）》提出"'严格控制'特大城市规模，引导劳动力向中小型城市迁移"，主张发展大城市的学者认为该政策不利于特大城市发挥劳动生产率方面的优势。然而，从可持续增长的角度来看，当生产和人口过度集中，可能出现以资源短缺、环境恶化、交通拥堵、房价高涨为特征的"城市病"。为了使城市的生活质量不受影响，将花费大量的社会资源用于改善交通和环境，挤占了本该用于生产和技术开发的资源，必然不利于技术进步。从制定我国城镇化发展战略的角度来看，城市规模对劳动生产率的影响至关重要。

聚集经济的理论来源和实证是区域和城市经济学的重要研究课题。Duranton和Puga（2004）将聚集经济的微观机制归纳为共享、匹配和学习。Glaeser和Gottlieb（2009）认为，聚集经济本质上降低了交通成本，这其中包括商品运输成本、劳动力的匹配成本和创新思想的信息传递成本，使经济活动的空间距离变小而提高生产力。Behrens等（2014）证明了聚集经济的存在性，在控制分类和选择效应之后，发现城市人口与生产力之间存在因果关系，城市规模扩大使厂商生产力提高。Desmet和Rossi－Hamberg（2014）在解释美国近五十年来服务业聚集现象时，也强调服务业聚集在一起从知识溢出中获益。国内众多学者分别从就业密度（范剑勇，2006）、专业化水平（刘修岩，2009）、城市规模（毛丰付和潘加顺，2012；孙晓华和郭玉娇，2013）等角度验证了中国城市层面的聚集经济。

但是，在生产和人口集中的同时也产生了聚集不经济。Duranton和Puga（2001）发现人口和生产的过度集中，将花费大量的社会资源用于改善交通和环境，挤占了本该用于生产和技术开发的资源，这将阻碍技术进步和经济增长。Duranton和Turner（2011）认为，美国政府通过修路来治理城市交通拥挤，花费大量的资源并没有改善交通状况。Combes等（2012）运用法国数据估算了聚集不经济［或称为聚集成本（Agglomeration Cost）］，发现城市聚集不

经济与人口规模的弹性系数为0.041，与聚集经济的弹性系数相接近，表明聚集经济与聚集不经济可能处于一种均衡状态。

Henderson（2003）首次从经济活动空间集中度的角度研究各个国家的经济增长问题，实践结果表明，国家的经济活动空间集中度过高或过低都不利于经济增长，并且这个空间集中度最优值与国家的经济规模等因素有关。Au 和 Henderson（2006）将聚集经济和聚集不经济对劳动生产率的综合影响称为净聚集经济（Net Agglomeration Economies），运用中国地级及以上城市 1997 年的截面数据进行研究，发现城市规模与人均真实收入之间存在倒 U 形关系。柯善咨和赵曜（2014）使用 2002 ~ 2008 年面板数据也得出类似的结论。

最优城市规模的实证文献，直接将城市规模的平方项加入含有城市规模一次项的线性模型，这些特定函数形式的实证模型可能掩盖城市规模与生产率之间的真实关系，本章采取含有固定效应的部分线性面板数据模型，不对城市规模设定特定的函数形式，弥补现有研究的不足。

一、关于城市生产效率的研究评述

正如前文所言，“城市规模经济”表现为，随着城市规模扩大，生产效率提高，然而，城市规模不经济包括对生产不利的因素，如厂商的生产成本会随着城市规模上升。对于城市规模扩大的生产率效应，在理论上并不能给出明确的答案，现有文献对城市规模与生产效率的实证关系进行研究，得出的结论也不一致。

Hoch（1972）认为，一个城市之所以能成为大城市，是因为该城市有某些“自然”的优势，这些优势使它们相对于其他地方能够提供更高的工资，而具有吸引力，引导着人口的空间流动，当然最终会达到一个均衡，那就是所有地方的实际收入都相等。工人的名义工资随着城市规模上升，部分原因是工人的生活成本随着城市规模上涨，但是还存在其他的影响因素，那就是城市规模扩大产生的负的非金钱外部性，如更多的犯罪、环境质量下降等。大城市能提供更高的名义工资，不但有其“自然”优势的原因，可能更重要的是技术进步是城市规模的增函数，也就是说，人口规模越大的城市有更快的技术进步，生产率越高。另外，城市规模越大，人均收入越高的结论也得到美国城市数据的支持。

Sveikauskas（1975）认为，当一个城市的规模扩大时，静态和动态因素都可以被期望去促进生产率。从静态的角度来看，一个更大的城市劳动分工将更细，有更多的专业化生产，由此带来生产率的提高，当然这种专业化生产在不同层面都可能发挥作用，如规模经济可以来源于厂商的规模扩大和产业的规模扩大，甚至是整个城市经济体的规模扩大。上述城市规模扩张产生的静态优势可能并不是最重要的，而更加重要的是城市集中的动态收益，城市成为商业中心，在此汇集的新思想和新技术直接促进了技术进步。特别是，我们考虑到当今社会、文化和经济正在经历快速变革，将不同要素重新组合和安排以适应周围的创新，对未来的生产率发展最为重要。以美国 14 个制造业 1967 年的数据进行实证分析发现，城市规模对生产率的效应是非常明显的，以城市人口规模一次项为解释变量进行回归，城市人口规模的平均回归系数值为 0.0598，也就是说，城市人口规模每翻一番，生产率增加 5.98%。

Segal（1976）研究了 1967 年美国 53 个大都市统计区（Metropolitan Statistical Area，MSA）工人的收入，并且对每个大都市统计区的资本存量进行了控制，用大都市统计区人口规模的一次项作为核心解释变量。实证结果表明，虽然大城市存在拥挤成本，但是城市人口规模扩大产生的聚集效应大于拥挤成本，大城市存在一个规模收益，人口规模超过 200 万人的大都市统计区的生产

率比其他相对较小的大都市统计区的生产率高 8%。

Moomaw（1981）认为，Sveikauskas（1975）和 Segal（1976）的估计结果表明，制造部门厂商在大城市具有生产率优势，这将意味着政府可能出台政策，对落户于大城市的制造部门厂商进行补贴，以吸引该类厂商进入大城市。但是他的研究结果却认为，非制造部门厂商（即服务部门的厂商）在大城市的生产率优势更加明显，因此，针对大城市的复兴政策应该更多地将目光投向非制造部门厂商。

Nakamura（1985）以日本 1979 年跨部门数据为研究样本，估计城市的规模经济，并且将城市经济和地方经济准确地进行区分，研究结果表明，这两种聚集经济在不同产业存在显著差异，其中，轻工业从城市经济中获得更多生产率优势，而重工业从地方经济中获得更多生产率优势。总而言之，虽然大城市具有生产率优势，但是不同产业的来源是不一样的。

Feser（2001）运用美国两个技术密度相差较大的行业（农场和花园机械行业 SIC 352、测量及控制装置 SIC 382）数据来估计城市规模经济，基于微观面板数据的实证分析结果表明，低技术密度的行业（农场和花园机械行业 SIC 352）主要为城市经济（城市人口规模），高技术密度的行业（测量及控制装置 SIC 382）主要为地方经济（产业规模）。

Rosenthal 和 Strange（2004）对城市规模经济的实证文献进行了综述，随着计量估计方法的改进，Combes 等（2012）认为大城市生产率比小城市高，不仅是聚集产生的规模经济，还可能是因为大城市吸引了更多高技术劳动力，使劳动工人的平均技术水平比小城市要高，与之相类似，大城市也可能对厂商进行了“选择”，技术水平更高的厂商向大城市聚集。基于上述两个原因，大城市与小城市在生产要素质量以及生产技术等方面可能并不处于同一可比范围内，而忽略这些影响因素，可能高估大城市由于聚集产生的规模经济而带来的生产率优势。运用法国厂商的微观数据，考虑工人和厂商的空间选择效应之后，仍然发现，大城市具有生产率优势，并认为是聚集经济产生了这种优势。

国内也有众多学者对城市规模的生产率效应进行了研究。饶会林（1986）在解释上海为什么能从一个小镇人口猛增到500万人而发展成为我国当时的第一大城市时认为，城市发展关键要看资本家的流向，而资本家往往是跑进利润最高的城市，资本家越多，劳动力也就越多，城市的规模也就自然越大。周一星（1992）认识到城市规模扩大产生的聚集效益、规模效益和协作效益是非农业经济向城市集中的基本推动力。梁源静（1994）认为，从经济角度，城市规模扩大具有效益，当然也有不好的方面，如环境污染等。

潘佐红和张帆（2002）运用中国1995年第三次全国工业普查的企业数据，从中挑出200个城市28个行业120164家企业，以柯布道格—拉斯（C－D）生产函数、固定替代弹性（CES）生产函数和超自然对数（Trans－log）生产函数构建的计量模型得出的实证结果都表明，城市规模扩大的经济效应比较明显，其中，城市人口规模扩大1倍，劳动生产率增加8.6%。杨学成和汪冬梅（2002）运用《中国城市统计年鉴》数据进行描述性分析发现，我国城市劳动生产率与城市规模成正相关关系，北京和上海等超大城市的经济效率最高；从静态水平来看，城市人均地区生产总值总体上与城市规模成正比例关系，但是如果从动态来考察，小城市经济成长最快且强劲，有与大城市收敛的趋势，而中等城市的经济成长速度处于末位，我国的城市发展应该在大和小两个极端上。

吉昱华等（2004）对经典估计方法进行改进，运用中国城市数据进行测算，研究发现，集聚经济效益在工业部门并没有显著体现，然而如果将第二产业和第三产业作为一个整体则有显著的体现，另外，对第三产业存在显著的聚集经济效益。范剑勇（2006）从就业密度的角度研究我国非农产业劳动生产率问题，运用我国地级和副省级城市2004年数据进行分析，实证结果表明，非农业就业密度上升1个百分点，我国非农产业劳动生产率提高0.088个百分

点，而美国只提高0.05个百分点。进一步分析表明，这种效应在不同地区存在差异，在非农产业分布不平衡的地区，这种效应使各省劳动生产率差距难以缩小。陈良文和杨开忠（2007）借鉴Moomaw（1981）的模型，运用1996年、2000年和2004年三年地级城市数据，估计城市生产率对城市规模的弹性系数，同样以国外相应模型来估计城市劳动生产率对城市经济密度的弹性系数，其中，城市规模扩大1%，城市生产率上升0.006%～0.007%，对应的经济密度与城市生产率的弹性系数估计值为1%～1.9%，并且2004年系数估计值小于1996年的系数估计值，这表明我国的城市规模扩大或城市经济密度提高对城市生产率有显著的正向影响，但是这种正向影响有随时间递减的趋势。

傅十和与洪俊杰（2008）运用2004年中国首次经济普查数据中的制造业企业数据，研究了城市规模对企业绩效的影响，并发现这一影响对不同规模企业存在差异。在回归分析中，以企业产出为被解释变量，用企业所在城市的非农业人口规模度量城市规模，并控制了企业的规模和行业等。实证结果表明，小型企业在中等规模城市和大城市中存在显著的行业内聚集经济效益，而在超大城市和特大城市则存在显著的跨行业聚集经济效益；中型企业只有在特大城市存在显著的跨行业聚集经济效益，在其他类型城市主要存在行业内聚集经济效益；大型企业即便是在特大规模城市和超大规模城市也没有显著的跨行业聚集经济效益。

刘永亮（2008）对中国城市规模经济在不同规模城市进行了测度，研究结果表明，城市规模经济在我国的大城市组、中小城市组都存在，但是城市规模经济程度随着城市人口规模下降。刘永亮（2009）将《中国城市统计年鉴》和中经网地级及以上城市1990～2007年所有年份数据，分为各个年份的截面数据进行回归，其中城市生产总值为被解释变量，以城市人口规模（市辖区总人口和非农业人口）、资本总量和土地规模为解释变量，分析中国城市规模经济的动态变化情况。以市辖区总人口衡量城市规模，中国城市存在规模经济并且规模经济越来越大；以非农人口衡量城市规模，在1995年以前不存在城市规模经济，在此之后存在城市规模经济且随时间增大；比较人口、资本和土地三种规模经济，发现土地规模经济作用最大，人口规模经济作用最小。

胡霞和魏作磊（2009）以我国1996年、2000年和2005年城市数据对各地服务业的生产效率进行研究，发现服务业生产率对服务业密度的系数估计值为3.1%～11.7%，明显大于陈良文和杨开忠（2007）对整个城市生产率的估计值，这表明我国的服务业集聚对其劳动生产率有显著的正向影响，并且可能该正向效应存在产业差异。他们的研究还发现服务业集聚对生产率的弹性系数在不同地区是有差别的，中部地区最为明显，东部次之，西部地区的集聚效应最小。刘修岩（2010）采用2001～2007年中国城市面板数据，与范剑勇（2006）的估计方法相类似，用一个城市的非农业就业密度对城市的聚集水平进行度量，以非农劳动生产率为被解释变量，在控制其他因素的情况下，发现一个城市的就业密度对非农就业劳动生产有显著的正向影响，并且，如果忽视城市公共基础设施等因素，该正向效应将被高估。

王永培和袁平红（2011）以2001～2009年《中国城市统计年鉴》267个地级及以上面板数据为研究对象，构建计量模型。其中，城市市辖区的劳动生产率为被解释变量，用人均产值来度量；用工业总产值与非农从业人员的比值度量城市就业密度，为核心解释变量，以此研究我国城市生产率的空间差异。实证结果表明，城市基础设施水平和就业密度都对城市生产率有正向影响，并且两者的交互项估计系数也显著为正，可见城市增加非农就业提高就业密度与基础设施建设可以形成合力，共同促进城市生产率。

孙晓华和郭玉娇（2013）研究产业集聚提高城市生产率的两种重要途径为专业化和多样化，以城市非农业人口规模来度量城市规模，并以此作为门限变量，运用残差法计算城市全要素生产率作为被解释变量，估计非线性面板数据模型。实证结果表明，在中小城市专业化的产业聚集对城市的生产率具有一

定程度的正向影响，在人口规模比较大的城市，这种形式的产业聚集反而阻碍城市生产率；在小城市，产业聚集的多样化与城市生产率之间为显著的负相关关系，在中等规模城市两者不存在相关关系，但是在比较大的城市，多样化的产业聚集能显著促进城市生产效率。

虽然上述文献研究结果表明存在城市规模经济，但是也有学者对城市规模经济提出异议，如Henderson（1988），他认为大城市即使具有比较高的名义工资水平，但是以此作为大城市居民生活质量更高的证据并不可靠，这是因为，大城市居民不得不面临更高的生活成本，使大城市的实际工资可能并不高，由此可见，不同规模城市净效益具有均等化的趋势。大资本主义国家（如巴西）和计划经济国家（如改革开放以前的中国），似乎忽略了不同规模城市净效益均等化的趋势，如一个100万人的城市和一个10万人的城市都生产钢铁，大城市高昂的生活成本使工人的货币工资是小城市的2倍，此时厂商要求大城市工人生产率是小城市的2倍，但是很可能出现的是大城市的劳动生产率仅是小城市的1.5倍，这就意味着大城市的实际效益更差。但是人们只是从生产率的角度得出结论，认为大城市生产率比小城市高50%，而没有考虑大城市工人高的生活成本对厂商生产成本的推动作用，甚至使大城市的真实经济效益出现下降。

Henderson的上述分析，使人们对城市规模问题的研究视野投向最优城市规模理论。其实，在城市经济学作为一门独立学科诞生以前，人们就对城市规模问题进行了研究，如恩格斯在《英国工人阶级状况》中就关注了伦敦、巴黎和柏林等大城市的贫穷、犯罪、环境污染。在城市经济学产生以后，随着对城市规模经济研究的深入，以及普遍关注的城市规模问题，众多学者提出了最优城市规模理论。如下是三个有代表性的最优城市规模理论：

Gupta和Hutton（1968）基于行政管理的角度提出最优城市规模。人口和生产活动的聚集产生城市，对这些要素进行管理必然产生行政管理费用，为了确保城市各项活动高效有序地进行，更多的管理资源投入似乎合理，但是居民分摊的行政管理费过高又直接损害居民福利，所以建立必要的行政管理并且控制人均行政管理费用，成为研究最优城市规模的一个视角。根据经验性的证据，人均居民负担的行政管理费用具有以下的变化趋势：如果一个城市人口规模比较小，城市各种管理体系处于初级阶段，每个居民所分摊的管理费用高，随着城市人口规模扩大，城市管理体系形成规模效益，人均分摊的行政管理费用下降，但是如果城市规模过大，导致贫穷、犯罪和环境污染等“城市病”出现，城市管理难度加大，那么人均分摊的管理费用再次上升。根据这一变化规律，城市居民人均行政管理费用与城市人口规模之间为 U 形关系。

Arnott（1979）基于居民满意度提出最优城市规模理论。以城市单个居民为分析对象，每个居民生活在一个城市的总体满意度主要由收入和支出两方面决定。根据生产要素分配理论，劳动市场均衡状态下，劳动工人的收入等于劳动的边际生产率，也就是说，城市居民的收入与劳动生产率变化趋势一致，而劳动生产率与城市人口规模可能存在正向相关关系。随着城市规模扩大，劳动生产率提高，居民的收入水平在上升，但是城市规模对劳动生产率的正向影响并非一直存在，当城市规模达到一定水平之后劳动生产率甚至可能下降，总体来看，城市居民收入水平与城市规模为倒 U 形关系。另外，城市居民的支出，不但包括日常用品支出，还包括上下班的交通费用、住房购买或租金支出，以及城市环境污染等带来的心理压力，城市居民的支出与城市规模为递增关系。综合城市居民的收入和支出与城市规模的关系，边际收入与边际成本相等才能达到城市最优规模。

Evans（1972）基于企业生产视角提出最优城市规模理论。对一个经济理性的企业，利润最大化是其经营目标，而企业利润等于经营收入减去经营成本，如果是一个完全竞争市场的企业，完全接受市场价格，那么为了获得最大化利润，就只有选择降低生产成本。类似地，企业的生产成本与城市人口规模之间的关系，也是通过聚集效益来体现的。在人口规模扩大的初期，众多生产

投入品的厂商聚集，使企业寻找投入品更加便利，并且行业内企业的聚集也能产生规模效益，使投入品的成本再次下降，但是企业的生产成本还包括工人的工资，而城市规模越大，工人的生活成本越高，所要求的工资也越高，当城市规模达到某一临界值时，企业的生产成本可能随城市规模上升。因此，企业生产成本与城市规模之间为 U 形关系，由此可知，从企业生产的视角也存在最优城市规模。

上述三个最优城市规模理论表明，存在最优城市规模，是因为人均负担的行政费用、劳动生产率或企业生产成本与城市规模之间为 U 形关系或倒 U 形关系。随着对城市规模问题研究的深入，城市经济学对最优城市规模的确定成为一个研究焦点。当然，关于最优城市规模的论述由来已久。例如，在古希腊时期，柏拉图考虑城市建设规模，提出以城市中心广场的容量为参考依据，人口为 5040 人为最优。19 世纪末，英国学者霍华德对“田园城市”进行构想，认为一个理想城市的中心区域人口规模应为 58000 人，而由 6 个人口规模为 32000 人的外围区域包围，所以一个城市最优人口总计为 25 万人。美国地理学家莫尔认为，中等人口规模的城市为理想选择，特别指出城市人口规模在 25 万人到 35 万人之间时，既可以确保强大的实力，形成相对独立的核心区，发挥产业聚集效应，也可避免出现环境污染、犯罪增多等大城市有的“城市病”①。城市规模扩大的同时，容易出现城市规划、市政管理、基础设施等跟进缓慢的现象，导致交通拥挤、环境恶化等问题，这也是城市规模扩大的成本。

随着中国城镇化的快速发展，以及大城市的“城市病”问题突出，中国最优城市规模也成为各界关注的焦点。王小鲁和夏小林（1999）最早对我国

① 有一种观点认为，“城市病”的病因并不是因为城市规模大，而是因为城市的结构与管理不能满足其发展需求，因此，城市规模不是城市病的根源。

的最优城市规模进行了实证研究，他们的研究结果表明，城市人口规模在100万~400万人具有最大的净效应，该效应可能高达城市生产总值的17%~19%，但是，如果城市规模超过这一区间，城市规模扩大的净效益将缓慢下降，并且在相当大的一个范围内这种净效应是为正的。王小鲁（2010）在参考了其他国家的城市规模发展规律以及我国城镇化未来发展趋势的情况下，再次分析了最优城市规模问题，研究发现100万人口规模的城市应该是我国的发展目标，但是我国该类城市仍然太少，同时提出，对北京和上海等超过1000万人口的城市也需要采取一定的手段防止其过度膨胀。

Henderson（1974）提出基于居民福利水平的最优城市规模理论，但没有进行实证分析。Au和Henderson（2006）认为，在现实中，城市人口规模（第二产业和第三产业就业人口之和）的发展很容易超过其最优规模，而中国的户籍制度长期以来限制人口流向城市特别是大城市，中国的城市规模可能低于最优规模。另外，分城市的统计系统提供了城市级别的GDP数据，上述两点使得从实证上分析最优城市规模成为可能。以中国地级及以上200多个城市1997年的截面数据为研究对象，发展城市规模与城市人均实际产出之间为倒U形关系，并且倒U形曲线随城市产业结构变化左右移动，也就是说，如果一个城市第三产业占比越高，那么该城市的最优城市规模越大。他们的估算结果表明，我国城市最优城市规模大约在250万~380万人，而以1997年的数据计算，我国大部分城市存在规模偏小的问题。周阳（2012）也发现我国城市真实收入与城市规模之间呈倒U形关系，在他的研究中，首先构建城市生活成本指数，其次采取实地调查数据计算我国地级及以下城市的生活成本指数，最后用该指数来调整城市的名义GDP得到一个城市的真实收入作为被解释变量，而用城市人口规模为核心解释变量进行回归分析。

焦张义（2012）通过建立数理模型并进行数值模拟，分析贸易成本、住房价格和生态环境对人口空间分布的影响。研究发现，贸易成本提高使人口空

间聚集水平上升，城市规模扩大；住房价格上升和人们对生态环境的重视程度越高，人口越偏向均衡分布，大城市人口规模与小城市人口规模的差距逐渐缩小；如果城市居民根据效用函数中的差异化制造品数量、住房数量和生态环境状况来选择居住地，并最终达到人口的空间流动均衡，那么在均衡状态下，政府的住房和生态环境政策对最优城市规模有影响。

孙三百等（2014）从居民幸福感的角度来研究城市规模。以全国综合社会调查数据库2006年的微观数据为研究对象，考察城市规模（市辖区常住人口规模）对流动群体（租房者）和非流动群体（拥有住房者）幸福感的影响。以1953年第一次人口普查数据为工具变量进行估计，实证结果表明，居民的个人幸福感与其所处城市的市辖区人口规模之间呈U形关系，当其他条件一定时，个人幸福感在人口规模为300万人左右的城市最低；流动群体和非流动群体之间存在个体异质性，租房行为降低居民的个体幸福感，对非流动群体而言，幸福感最低的城市规模为349万人，对流动群体而言，在276万人口规模的城市幸福感最低。

蔡景辉等（2016）研究了城市规模（用市辖区总人口来度量）对流动人口（即农村外出劳动力）幸福感的影响。运用中国城乡劳动力流动数据（RUMIC2009），同样采用1953年我国第一次全国人口普查数据作为工具变量进行估计。实证结果表明，我国城市规模与流动人口幸福感之间为U形关系，在人口规模为340万人时，流动人口的个人幸福感最低。进一步研究影响机制发现，城市规模主要通过收入水平来影响流动人口幸福感，该影响渠道能解释流动人口个人幸福感变化的64%，另外，城市规模通过生产率和降低失业率的渠道所具有的解释力分别为6.1%和9%。

柯善咨和赵曜（2014）研究城市规模对我国城市生产率的影响，并分析城市产业结构变化所起的作用。他们认为产业发展与城市发展密不可分，城市规模对劳动生产率的影响与产业结构变化存在协同关系。以2003~2008年中国地级及以上城市数据为研究对象，以城市人均 GDP 为被解释变量，用市辖区年末总人口和市辖区非农业人口度量城市规模，用服务业和制造业就业人口之比表示产业结构，进行面板数据模型回归。实证结果表明，从产业结构转变获得劳动生产效率的提高，存在门槛规模效应，其中以市辖区年末人口来度量的门槛值为 43.5 万人，而以市辖区非农业人口来度量的门槛值为 13 万人；城市人均地区生产总值与人口规模之间为倒 U 形关系，即随着城市规模扩大，人均 GDP 先上升后下降，若以全国城市的产业结构均值为基准，最优的市辖区非农业人口规模为 245 万人。

梁婧等（2015）研究大城市生产率是否更高。运用 2003～2009 年地级及以上城市数据为研究对象，以城市的地区生产总值除以劳动投入为被解释变量，以常住人口规模来度量城市规模，并引入被解释变量的滞后项为解释变量，为了解决内生性问题，运用差分 GMM 和系数 GMM 估计。实证结果表明，城市规模与城市劳动生产率之间为倒 U 形关系；由于不同地区经济发展水平差异较大，用东、中、西部子样本分别进行估计，东、中、西部地区的城市规模与城市劳动生产率之间并没有表现出显著的倒 U 形关系，在西部地区城市规模与城市劳动生产率为显著的正向相关关系，并且城市规模的系数估计值远大于东部和中部地区；随着户籍制度对人口约束力的减弱，我国不同规模城市都有了发展，根据可比较的计算结果，1997 年约有 62% 的城市偏小，而在 2009 年只有 12% 的城市偏小，并且超过最优规模的城市在不断增多。

通过梳理现有文献可以发现：

第一，城市规模对生产效率的影响在微观和宏观上都有所体现。在微观层面上可以研究劳动工人的工资水平、居民收入水平和幸福感，以及企业的产出水平，在宏观层面上可以将人均 GDP、人均劳动力的产出、人均真实收入、全要素生产率作为被解释变量进行研究。

第二，现有研究主要关注城市人口规模扩大对生产率的影响。在美国主要以大都市区为城市；而关于中国的研究大多以市辖区为城市，以城市的人口规模来度量城市规模。还有部分研究以就业密度、土地规模和资本规模作为核心解释变量。

第三，如果用截面数据进行估计，可能存在内生性问题，为了得到一致性估计结果，可以采用工具变量（如以城市历史人口规模为工具变量）进行估计，而用面板数据建立的模型可以通过控制个体固定效应和时间固定效应减弱内生性问题，但是动态面板数据模型应该使用系统 GMM 或差分 GMM 进行估计。

第四，大部分研究使用线性计量模型。以城市规模的一次项或同时加入城市规模平方项进行估计，而以城市规模一次项为核心解释变量的研究得出城市规模扩大对生产率有正向效应的结论，而同时加入了城市规模平方项的研究认为存在最优城市规模。

第五，Au 和 Handerson（2006）的部分回归使用了结构化非线性模型，是唯一使用过非线性估计技术的研究。他们估计的曲线为非对称的倒 U 形曲线，在最优城市规模左侧边际效应比较大，而在右侧边际效应则非常小。但是，他们研究所使用的数据为 1997 年的截面数据，本章将以最新的面板数据采用非线性模型进行估计。

二、实证模型、估计方法与数据来源

（一）计量模型的设定

将单个城市的生产函数设定为柯布—道格拉斯形式：

$$Y = AK^{\alpha}L^{\beta} \tag{3-1}$$

式中，Y、K 和 L 分别表示城市的总产出、总资本存量和总劳动投入，A 表示城市的全要生产率。式（3－1）两边除以 L 后得到 $Y/L = A(K/L)^{\alpha}L^{\alpha+\beta-1}$，再将等式两边取对数后得：

$$\ln(Y/L) = \alpha\ln(K/L) + (\alpha+\beta-1)\ln(L) + \ln A \tag{3-2}$$

式中，α 表示城市生产中资本的产出弹性系数，$\alpha+\beta-1$ 可以用来识别城市生产中资本和劳动投入的规模报酬情况，如果 $\alpha+\beta-1>0$ 表明城市生产中存在规模报酬递增，反之，$\alpha+\beta-1<0$ 表明城市生产中存在规模报酬递减。毛丰付和潘加顺（2012）也采用该设定方式。根据城市全要素生产率相关研究文献，除了净聚集经济之外，与城市全要素生产率相关的因素可以分为三类：

第一，人力资本。Lucas（1988）将人力资本引入新古典增长理论，认为人力资本积累是经济长期增长的重要影响因素，人力资本成为全要素生产率研究中不可或缺的部分。城市经济学的实证研究文献发现，人力资本在空间上非均衡分布，高素质的劳动力有向大城市聚集的趋势（Cobmes et al.，2008；Eeckhout et al.，2014），因此城市生产效率的研究中也包含了人力资本，如范剑勇（2006）、Au 和 Henderson（2006）、刘修岩（2009）、柯善咨和赵曜（2014）。

第二，外资利用水平。自主创新和技术引进是技术进步的两大主要来源，中国改革开放之初技术水平落后，外资在提供物质资本的同时也通过技术溢出效应带动了本地的技术进步，当然随着中国与国外技术水平差距缩小，特别是外资大多投向劳动密集型的加工出口产业，外资给当地技术水平的带动作用可能正在变弱。总体而言，在城市生产效率的研究中，外资利用水平也是一个重要因素（Au & Henderson，2006；刘修岩，2009；柯善咨和赵曜，2014）。

第三，产业结构。产业结构对城市劳动生产率的影响可能更加复杂，与聚

集经济存在协同作用（Au & Henderson，2006；柯善咨和赵曜，2014），工业部门发展初期通过聚集提高生产率，进入成熟期后将向外分散分布，随着更加依赖知识和思想的服务业崛起，再次通过聚集来提高生产率（Desmet & Rossi - Hansberg，2014）。产业结构变化规律表明，工业化初期三次产业中的第二产业是经济发展的主动力，中国三十多年的改革开放也顺应这一发展规律，第三产业发展水平仍然比较低，主要的技术进步来自第二产业（李钢等，2011）。每个城市有不同的产业结构，进而影响到城市劳动生产率，毛丰付和潘加顺（2012）发现工业化倾向越大的城市劳动生产率越高，柯善咨和赵曜（2014）的研究表明第三产业与第二产业增加值之比与城市人均GDP负相关。

根据文献分析可知，城市全要素生产率受其人力资本（*human*）、外资利用水平（*fdi*）、产业结构（*structure*）和用城市规模（*size*）表示的净聚集经济的影响，而且城市规模与全要素生产率之间关系函数的形式不定，由此可以将城市全要素生产率[1]设定为 $\ln A=\gamma_1 structure+\gamma_2 human+\gamma_3 fdi+f(size)$。根据式（3-2）设定的计量模型如下：

$$\ln y_{it}=u_i+v_t+f(size_{it})+\lambda_1 structure_{it}+\lambda_2 human_{it}+\lambda_3 fdi_{it}+\lambda_4 \ln k_{it}+\lambda_5 \ln L_{it}+\varepsilon_{it}(i=1,\ \cdots,\ N,\ t=1,\ \cdots,\ T) \qquad (3-3)$$

其中，i 表示城市；t 表示年份；y_{it} 和 k_{it} 分别表示劳动平均产出和劳动平均资本存量；u_i 表示个体固定效应，如各个城市的地理和文化等固定特征；v_t 表示时间固定效应，如全国性经济政策和宏观波动等因素。可以将式（3-3）简化为向量形式：

$$\ln y_{it}=u_i+v_t+f(size_{it})+\lambda X_{it}+\varepsilon_{it} \qquad (3-4)$$

[1] 在稳健性分析中，将先计算出城市全要素生产率，再使用固定效应的部分线性面板数据模型进行估计。

（二）估计方法

模型（3－4）为含有固定效应的部分线性面板数据模型（the Partially Linear Panel Data Model with Fixed Effects），使用 Baltagi 和 Li（2002）介绍的方法进行估计。时间固定效应用虚拟变量表示，可以写入控制变量 X_{it} 中计为 X'_{it}，进行差分消除个体固定效应 u_i，将模型转化为：

$$\ln y_{it} - \ln y_{it-1} = f(size_{it}) - f(size_{it-1}) + \lambda'(X'_{it} - X'_{it-1}) + \varepsilon_{it} - \varepsilon_{it-1} \quad (3-5)$$

在估计模型（3－5）时将未知函数 $f(size_{it}) - f(size_{it-1})$ 近似为某种特定形式，如采用分段的多项式（Libois & Verardi，2013）。在设定未知函数具体形式的情况下，OLS 可以得到 u_i、v_t 和 λ 的一致估计量，分别记为 $\hat{u}_i$、$\hat{v}_t$ 和 $\hat{\lambda}$，代入模型（3－4）中得：

$$\hat{\eta}_{it} = \ln y_{it} - \hat{u}_i - \hat{v}_t - \hat{\lambda} X_{it} = f(size_{it}) + \varepsilon_{it} \quad (3-6)$$

函数关系 f 可以通过标准的非参数估计方法拟合 $\hat{\eta}_{it}$ 和 $size_{it}$ 得出，在实证分析部分将运用 Stata12 给出拟合曲线图。

（三）数据来源

所研究的城市指地级以上城市的市辖区，用市辖区进行分析出于以下两方面原因：一方面，考虑到各个城市市辖区相对稳定（陆铭和欧海军，2011）；另一方面，从经济学含义上，中国的市辖区称为城市更加合理（Desmet & Rossi－Hansberg，2013）。城市数据主要来源于《中国城市统计年鉴》，包括 285 个地级及以上城市 2003～2012 年数据，城市居民消费价格指数、固定资产投资价格指数和汇率数据主要来源于《中国统计年鉴》。

（四）变量介绍

下面分别介绍各个变量：

（1）$\ln L$ 表示劳动投入总量（单位为万人）的自然对数。在城市统计年鉴中劳动力包括单位从业人员、城镇私营企业与个体从业者，两者之和构成城市劳动投入总量。

（2）$\ln y$ 表示劳动平均产出（单位为元/人）的自然对数。从《中国统计年鉴》中可以得到各个城市所在省区城市居民每年消费价格指数，用来调整城市统计年鉴的“地区生产总值”，得到以 2002 年为基年的真实地区生产总值，除以劳动投入总量 L 得到劳动平均产出。

（3）$\ln k$ 表示劳动平均资本存量（单位为元/人）的自然对数。劳动平均资本存量用每个城市资本存量除以劳动投入总量，而城市资本存量没有实际统计数据，根据现有文献介绍的永续盘存法（毛丰付和潘加顺，2012；柯善咨和向娟，2012；冼国明和徐清，2013）进行推算，资本折旧率 $\delta = 9.6\%$（张军等，2004）[①]。具体推算步骤如下：

第一步，每个城市每年真实固定资产投资总额 I_{it}。从《中国统计年鉴》得到各个城市所在省区的固定资产投资价格指数，用来调整城市统计年鉴的“固定资产投资总额”，得到以 2002 年为基年的每个城市每年真实的固定资产投资总额 I_{it}。

第二步，每个城市基年（即 2002 年）资本存量 $K_{i,2002}$。根据第一步计算结果得到 1991～2002 年每个城市固定资本投资平均增长率 g_i，运用公式 $K_{i,2002} =$

① 毛丰付和潘加顺（2012）选择的折旧率为 10.96%；柯善咨和向娟（2012）选择了随年份可变的折旧率；冼国明和徐清（2013）选择的折旧率与本书相同。

$I_{i,2002}(1+g_i)/(g_i+\delta)$[①]推算每个城市基年资本存量 $K_{i,2002}$。

第三步，每个城市每年资本存量 K_{it}。运用第一步得到的每个城市每年真实固定资产投资总额 I_{it}、第二步得到的基年资本存量 $K_{i,2002}$，以及资本存量估算的永续盘存法公式 $K_{it}=I_{it}+(1-\delta)\ K_{it-1}$，推算出每个城市 2003 ~2012 年资本存量 K_{it}。

（4）*human* 表示人力资本，用每个城市在校大学生人数与劳动总投入量之比（单位为人/万人）的自然对数表示。每个城市在校大学生人数来源于《中国城市统计年鉴》。

（5）*fdi* 表示外资利用水平，用每个城市以不变价格计算的使用外资总额与劳动总投入量之比（单位为元/人）的自然对数表示。《中国城市统计年鉴》提供了“当年实际使用外资金额”（单位为美元），根据《中国统计年鉴》可以得到各个城市所在省区的固定资产投资价格指数，对其进行调整后为每个城市以不变价格计算的使用外资总额，并使用《中国统计年鉴》每年的平均汇率折算为人民币。

（6）*structure* 表示产业结构，用第二产业增加值与第三产业增加值之比表示。《中国城市统计年鉴》提供了地区生产总值中第二产业和第三产业的比重，用两者相除即可。

（7）*size* 表示城市规模，用每个城市人口规模（单位为万人）的自然对数表示。《中国城市统计年鉴》提供了每个城市“年末总人口”[②]，毛丰付和潘加顺（2012）、柯善咨和赵曜（2014）也采用该方法度量城市规模。

为了排除奇异值对估计结果的影响，数据处理过程中剔除各个变量小于1%分位和大于99%分位数值的数据，表 3 -1 列出主要变量的统计性描述。

---

① $K_{i,2002}=I_{i,2002}\left[1+\frac{1-\delta}{1+g_i}+\left(\frac{1-\delta}{1+g_i}\right)^2+\cdots\right]=I_{i,2002}=\left(\frac{1-\delta}{1+g_i}\right)$（柯善咨和向娟，2012）。

② 与以“非农业人口”来度量城市规模估计结果相类似。

表 3-1　主要变量统计性描述

变量名称	样本数	均值	方差	最小值	最大值
ln*L*	2802	3.159	1.004	0.626	7.056
ln*y*	2742	11.432	0.434	10.287	12.585
ln*k*	2802	21.359	0.583	19.465	23.308
human	2657	6.907	0.873	3.011	8.724
fdi	2481	7.117	1.443	0.575	11.134
structure	2777	1.379	0.701	0.316	6.099
size	2840	4.527	0.761	2.645	7.484

资料来源：《中国统计年鉴》和《中国城市统计年鉴》。

三、中国城市规模与人均劳动产出的实证关系

（一）线性部分估计结果

估计结果包括两部分，线性部分估计结果如表 3-2 所示，而图 3-1（a）给出了城市规模与经过调整的劳动平均产出的拟合曲线。为了与现有研究进行对比，表 3-2 模型 I 为线性模型估计结果，模型中含有城市规模一次项 *size* 和城市规模平方项 $size^2$，两者回归系数分别为 0.998 和 -0.070，且都在 1% 水平上显著，与现有研究结果相一致，城市规模与劳动平均产出之间存在倒 U 形关系（Au and Henderson，2006；柯善咨和赵曜，2014）。面板数据的 Hausman 检验拒绝了随机效应模型，并且时间虚拟变量大多都在 1% 水平上显著，因此，模型应该包含个体固定效应和时间固定效应。

表 3-2 模型中线性部分估计结果

解释变量	基本估计结果 被解释变量：$\ln y$			
	模型Ⅰ	模型Ⅱ	模型Ⅲ	模型Ⅳ
$\ln k$	0.261*** (0.015)	0.222*** (0.026)	0.231*** (0.031)	0.193*** (0.046)
$\ln L$	-0.573*** (0.020)	-0.686*** (0.029)	-0.682*** (0.034)	-0.730*** (0.053)
structure	0.082*** (0.008)	0.106*** (0.008)	0.104*** (0.009)	0.081*** (0.022)
fdi	0.014*** (0.003)	0.011*** (0.002)	0.009*** (0.020)	0.013*** (0.004)
human	0.037*** (0.008)	0.025*** (0.008)	0.020* (0.010)	0.033*** (0.012)
size	0.998*** (0.120)			
$size^{2a}$	-0.070*** (0.012)			
v_t	是	是	是	是
u_i	是	是	是	是
样本数	2300	1959	1404	555
Within - R^2	0.88	0.79	0.79	0.78

注：①括号内为稳健标准误；②*、**和***分别表示在10%、5%和1%水平上显著；③a处表示城市规模的自然对数 *size* 的平方；④半参数估计中经过调整的被解释变量与城市规模的拟合曲线在图3-1、图3-2、图3-3中给出。

（二）非线性部分估计结果

模型Ⅱ为含有固定效应的部分线性面板数据模型的估计结果，劳动投入总

量自然对数 ln*L* 的回归系数为负且在 1% 水平下显著，与线性模型的估计结果相类似。该实证结果表明，中国城市生产中资本和劳动投入的规模报酬递减，与毛丰付和潘加顺（2012）的实证研究结论一致。人力资本 *human* 的回归系数为 0.025，且在 1% 水平下显著，范剑勇（2006）等学者的研究结论也表明，人力资本与中国城市生产率正相关。外资利用水平 *fdi* 的估计系数在线性模型Ⅰ和部分线性模型Ⅱ中都为正且在 1% 水平下显著，与 Au 和 Henderson（2006）、刘修岩（2009）、柯善咨和赵曜（2014）的研究结论一致，表明利用外资有利于提高城市生产率。在模型Ⅰ和模型Ⅱ中，产业结构 *structure* 的回归系数都为正且在 1% 水平下显著，与毛丰付和潘加顺（2012）、柯善咨和赵曜（2014）的估计结果相类似。

模型Ⅱ的非线性部分估计结果如图 3－1（a）所示，城市规模与劳动平均产出之间存在非线性关系。*size* <4.7 也即城市年末总人口小于 110 万人，随着城市规模扩大，劳动平均产出快速上升，4.7 < *size* <6.2 也即在城市年末总人口大于 110 万人而小于 493 万人的区间内，随着城市规模扩大劳动平均产出有微弱的下降，在此之后也再次表现出上升趋势。总体来看，城市劳动平均产出快速上升阶段为城市规模达到 110 万人之前，在此之后不同规模城市的劳动平均产出无明显差异，城市规模与劳动平均产出之间并非倒 U 形关系。

进一步计算图 3－1 拟合曲线图的边际效应，如图 3－1（b）所示。在城市年末总人口规模小于 110 万人之前，边际效应虽然递减但是大于零，在此之后，边际效应 95% 的置信区间包括零值，由此可知，在控制其他影响因素的情况下，年末总人口大于 110 万人的城市平均产出在统计上无显著差异。也就是说，在人口规模大于 110 万人的城市里，在其他条件一定的情况下，城市规模扩大不再有劳动平均产出的正向效应。

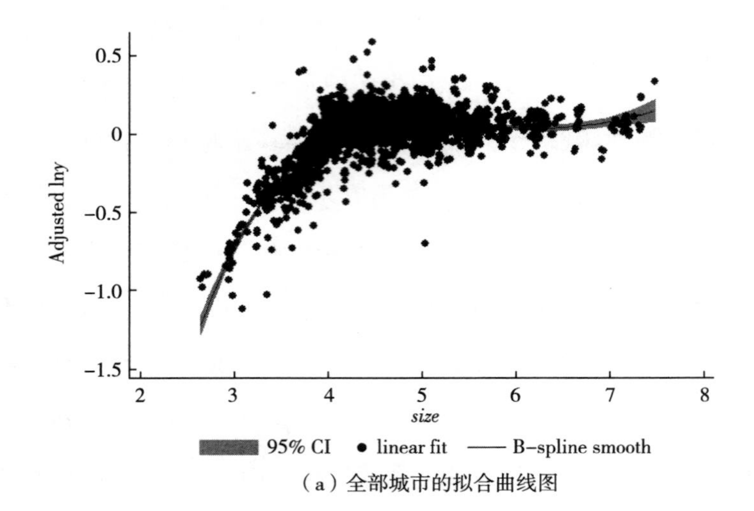

（a）全部城市的拟合曲线图

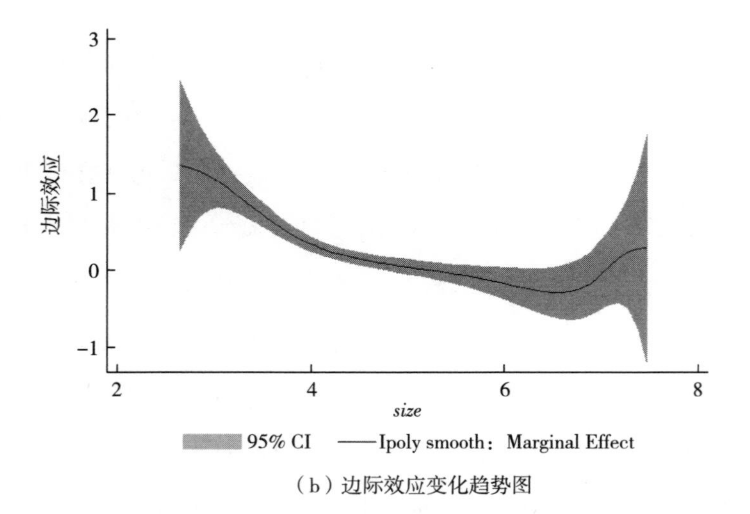

（b）边际效应变化趋势图

注：图中横轴为城市规模 *size*。（a）纵轴为经过调整的劳动平均产出自然对数 ln*y*（也即模型（3－4）中未被线性部分解释的劳动平均产出的自然对数，如模型（3－6）所示的 $\hat{\eta}_{it}$）。（b）纵轴为城市规模对经过调整的劳动平均产出自然对数的边际效应。

图 3－1　全部城市样本非线性部分估计结果

四、产业结构、城市规模与人均劳动产出

Au 和 Henderson（2006）、柯善咨和赵曜（2014）认为，城市规模对生产率的影响与产业结构之间存在协同作用。为了考察不同产业结构的城市规模对劳动平均产出的影响，将全部城市按产业结构分为两类：产业结构 *structure*（第二产业增加值与第三产业增加值之比）小于 1 的城市称为偏重服务业的城市，产业结构 *structure* 大于 1 的城市称为偏重工业的城市[①]。表 3－2 中模型Ⅲ和模型Ⅳ分别以偏重工业的城市和偏重服务业的城市作为子样本，进行估计所得的线性部分回归结果，与全样本回归结果类似。

（一）偏重工业的城市

对于偏重工业的城市，模型Ⅲ的非线性部分估计结果如图 3－2 所示，图 3－2（a）拟合曲线图表明城市规模与劳动平均产出之间也表现为非线性关系。$size<4.4$ 也即城市年末总人口小于 81.5 万人，随着城市规模扩大，劳动平均产出快速上升。$4.4<size<5.8$ 也即在城市年末总人口大于 81.5 万人而小于 330 万人的区间内，随着城市规模扩大，劳动平均产出有微弱的下降，在此之后也再次表现为先上升后下降的变化趋势。总体来看，城市劳动平均产出快速上升阶段为城市规模达到 81.5 万人之前，在此之后不同规模城市的劳动平

① 在第二产业中大部分为工业，而第三产业大部分为服务业，第二产业增加值与第三产业增加值之比基本反映了城市的工业和服务业之比。

均产出无明显差异，城市规模与劳动平均产出之间并非倒 U 形关系。

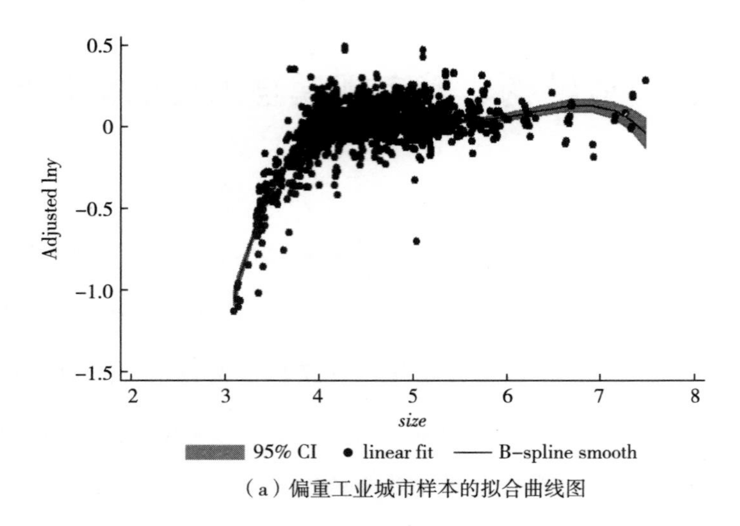

（a）偏重工业城市样本的拟合曲线图

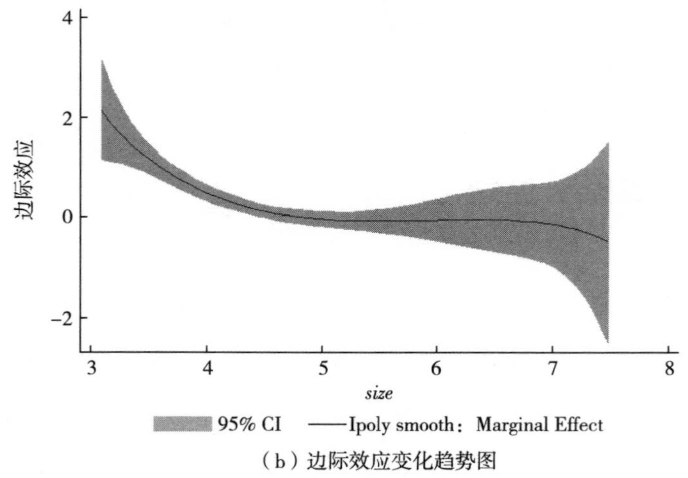

（b）边际效应变化趋势图

注：图中横轴为城市规模 *size*。（a）纵轴为经过调整的劳动平均产出自然对数 ln*y*（也即模型（3-4）中未被线性部分解释的劳动平均产出的自然对数，如模型（3-6）所示的 $\hat{\eta}_{it}$）。（b）纵轴为城市规模对经过调整的劳动平均产出自然对数的边际效应。偏重工业的城市指产业结构 *structure* > 1 的城市。

图 3-2　偏重工业城市样本的非线性部分估计结果

图 3-2（b）为对应的城市规模对经过调整的劳动平均产出自然对数的边

际效应变化趋势图。在城市年末总人口规模小于81.5万人之前，边际效应虽然递减但是大于零，在此之后，边际效应95%的置信区间包括零值，这表明，在控制其他影响因素情况下，年末总人口规模大于81.5万人的城市劳动平均产出，在统计上没有显著的差异。也就是说，在人口规模大于81.5万人的城市，在其他条件一定情况下，城市规模扩大不再有劳动平均产出的正向效应。

（二）偏重服务业的城市

对于偏重服务业的城市，拟合曲线如图3-3（a）所示，与偏重工业的城市的估计结果相类似，城市规模与劳动平均产出之间并非倒U形关系。具体表现为，*size* <4.3也即城市年末总人口小于73.7万人，随着城市规模扩大，偏重服务业城市的劳动平均产出以较快速度上升，在此之后有小幅的变化。进一步计算拟合曲线的边际效应，可以画出边际效应变化趋势图，如图3-3（b）所示。不难发现，在人口规模大于73.7万人的城市，在其他条件一定的情况下，城市规模扩大不再有劳动平均产出的正向效应。

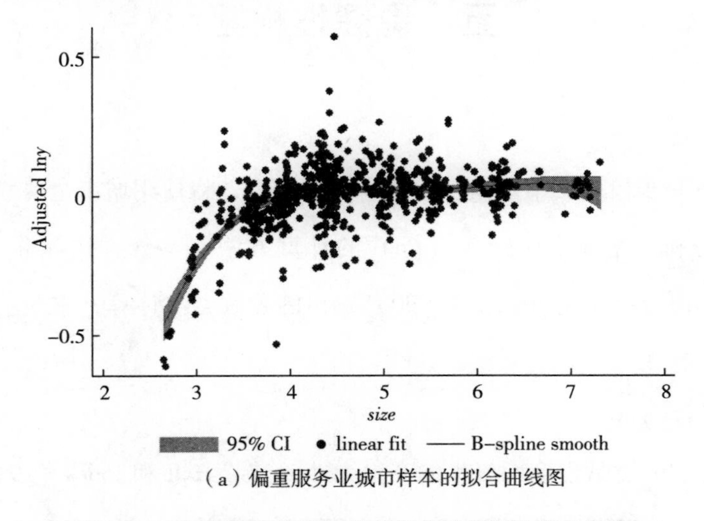

（a）偏重服务业城市样本的拟合曲线图

图3-3　偏重服务业城市样本的非线性部分估计结果

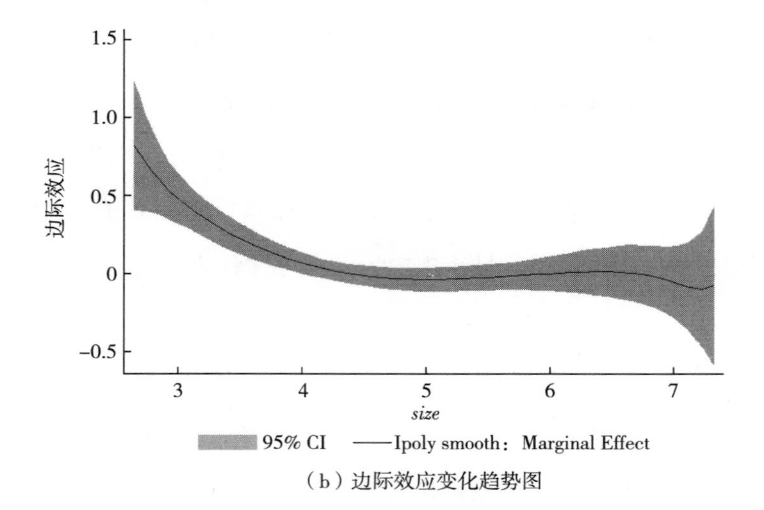

（b）边际效应变化趋势图

注：图中横轴为城市规模 *size*。（a）纵轴为经过调整的劳动平均产出自然对数 ln*y*（也即模型（3－4）中未被线性部分解释的劳动平均产出的自然对数，如模型（3－6）所示的 $\hat{\eta}_{it}$）。（b）纵轴为城市规模对经过调整的劳动平均产出自然对数的边际效应。偏重服务业的城市指产业结构 *structure* <1 的城市。

图 3－3　偏重服务业城市样本的非线性部分估计结果（续）

五、稳健性检验

为了进一步检验城市规模与生产率之间关系，将使用城市全要素生产率进行稳健性分析。全要素生产率（*tfp*）的计算方法有参数方法和非参数方法，本章选择 Griliches 和 Mairesse（1990）提出的参数方法计算，本质上为索洛余项，计算公式为：

$$tfp = \ln y - \alpha \ln k \qquad (3-7)$$

α 为资本的贡献程度即资本的产出弹性，借鉴 Hall 和 Jones（1999）、李春顶（2010）、孙晓华和郭玉娇（2013）的研究，将其设定为三分之一。被解释变量为城市全要素生产率 *tfp* 的线性部分回归结果，如表 3 - 3 模型Ⅴ至模型Ⅷ所示，与劳动平均产出的回归结果相类似。

表 3 - 3　模型中线性部分估计结果

解释变量	稳健性估计结果			
	被解释变量：*tfp*			
	模型Ⅴ	模型Ⅵ	模型Ⅶ	模型Ⅷ
structure	0.075*** (0.009)	0.097*** (0.022)	0.113*** 0.022	-0.006 (0.060)
fdi	0.023*** (0.004)	0.011** (0.004)	0.010** (0.004)	0.017** (0.008)
human	0.168*** (0.009)	0.189*** (0.028)	0.208*** (0.027)	0.156*** (0.048)
size	0.641*** (0.149)			
$size^{2a}$	-0.042** (0.015)			
v_t	是	是	是	是
u_i	是	是	是	是
样本数	2300	1959	1404	555
Within - R^2	0.44	0.24	0.27	0.18

注：①括号内为稳健标准误；②*、** 和 *** 分别表示在 10%、5% 和 1% 水平下显著；③a 处表示城市规模的自然对数 size 的平方；④半参数估计中经过调整的被解释变量与城市规模的拟合曲线在图 3 - 4、图 3 - 5、图 3 - 6 中给出。

（一）全部城市

图 3 - 4（a）给出了经过调整的城市全要素生产率与城市规模拟合曲线图，全部城市样本回归结果表明，城市规模达到 110 万人之前，随着城市规模

扩大，城市全要素生产率快速上升，在此之后先有略微的下降再上升。进一步计算拟合曲线的边际效应，对应的边际效应变化趋势图为图 3－4（b）。城市

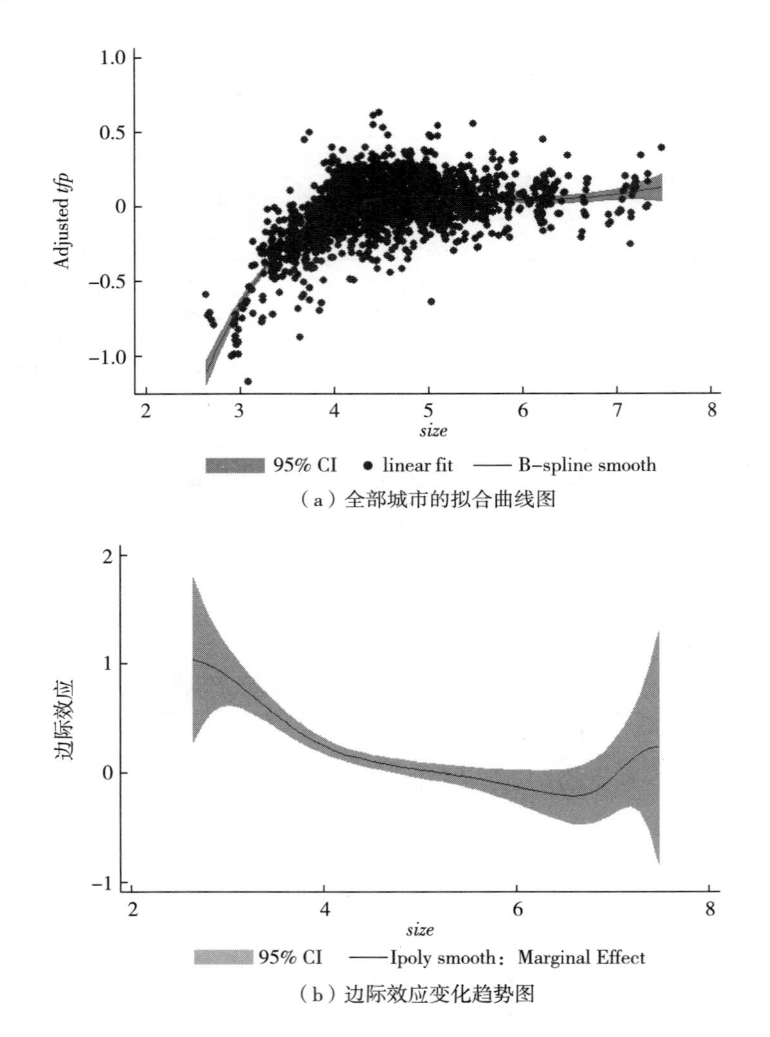

（a）全部城市的拟合曲线图

（b）边际效应变化趋势图

注：图中横轴为城市规模 *size*。（a）纵轴为经过调整的城市全要素生产率 *tfp*（也即模型（3－4）中未被线性部分解释的城市全要素生产率，如模型（3－6）所示的 $\hat{\eta}_{it}$）。（b）纵轴为城市规模对经过调整的城市全要素生产率的边际效应。

图 3－4　全部城市样本非线性部分估计结果

规模达到110万人之前，边际效应虽然下降但是为正，在此之后先下降再上升，然而，边际效应95%的置信区间包括零值，这表明，在其他条件不变的情况下，对于城市规模大于110万人的城市，城市规模扩大没有显著的正向效应，所得出的结论是稳健的。

（二）偏重工业的城市

以偏重工业的城市的子样本进行估计，图3－5（a）给出了经过调整的城市全要素生产率与城市规模拟合曲线图，图3－5（b）为对应的边际效应的变化趋势图。城市规模达到81.5万人之前，随着城市规模扩大，城市全要素生产率快速上升，虽然边际效应在下降但是显著大于零。在城市人口达到81.5万人之后，扩大城市规模，城市全要素生产率虽然经历一个先上升后下降的过程，但是从边际效应来看，这个变化非常小，边际效应在统计上并不显著。由此可知，在其他条件一定的情况下，对于偏重工业的人口规模大于81.5万人的城市，扩大城市规模并没有显著的正向效应。

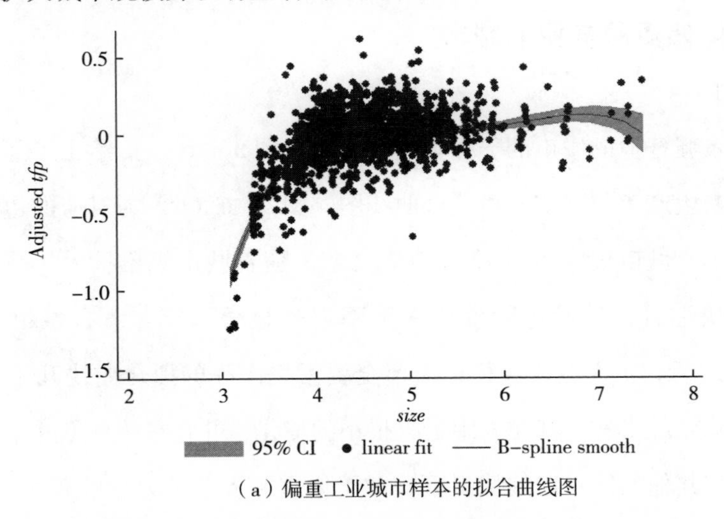

（a）偏重工业城市样本的拟合曲线图

图3－5　偏重工业城市样本的非线性部分估计结果

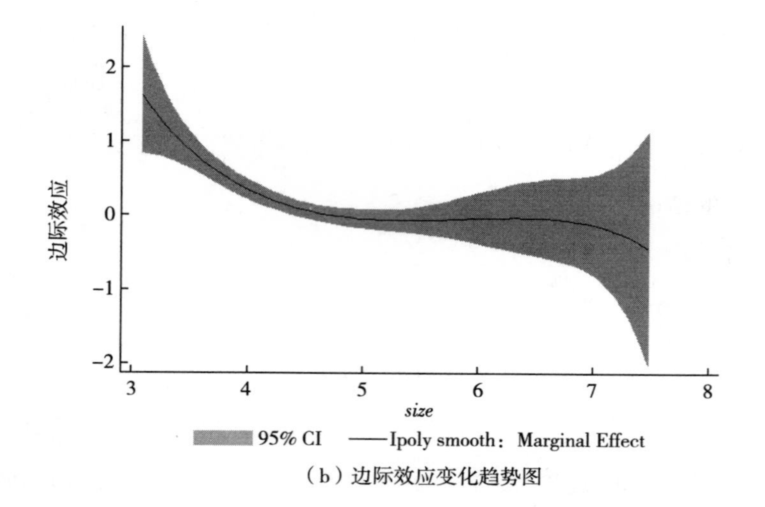

（b）边际效应变化趋势图

注：图中横轴为城市规模 *size*。（a）纵轴为经过调整的城市全要素生产率 *tfp*（也即模型（3－4）中未被线性部分解释的城市全要素生产率，如模型（3－6）所示的 $\hat{\eta}_{it}$）。（b）纵轴为城市规模对经过调整的城市全要素生产率的边际效应，偏重工业的城市指产业结构 *structure*＞1 的城市。

图 3－5　偏重工业城市样本的非线性部分估计结果（续）

（三）偏重服务业的城市

以偏重服务业的城市的子样本进行估计，图 3－6（a）给出了经过调整的城市全要素生产率与城市规模拟合曲线图，图 3－6（b）为对应的边际效应的变化趋势图。城市规模达到 73.7 万人之前，随着城市规模扩大，城市全要素生产率较快上升，虽然边际效应在下降但是显著大于零。在城市人口达到 81.5 万人之后，扩大城市规模，城市全要素生产率的拟合曲线几乎为一条直线，从边际效应来看，其在零附近有很小的变化，并且在统计上并不显著。由此可知，在其他条件一定的情况下，对于偏重服务业的人口规模大于 73.7 万人的城市，扩大城市规模并没有显著的正向效应。

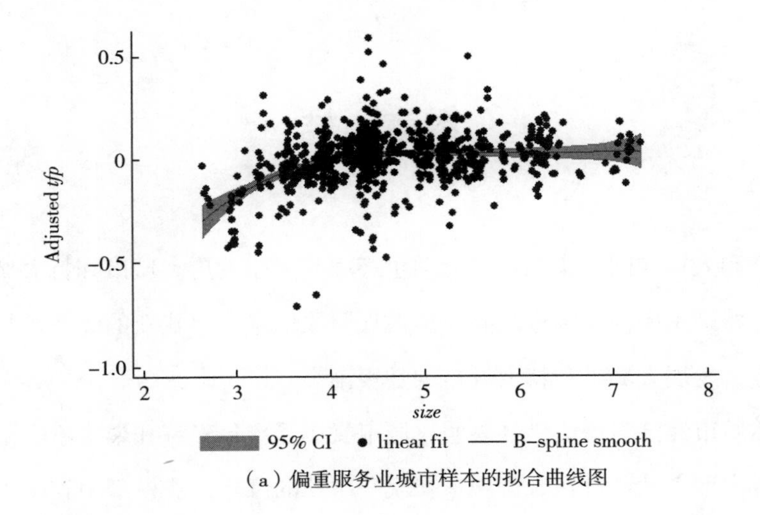

（a）偏重服务业城市样本的拟合曲线图

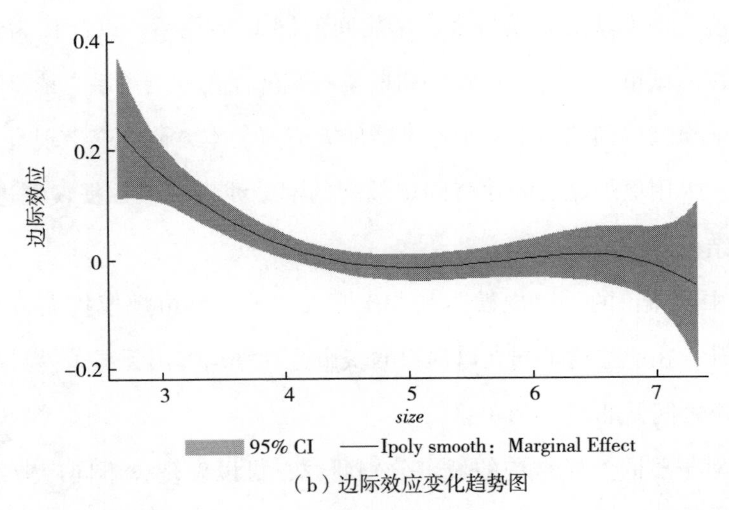

（b）边际效应变化趋势图

注：图中横轴为城市规模 *size*。（a）纵轴为经过调整的城市全要素生产率 *tfp*（也即模型（3－4）中未被线性部分解释的城市全要素生产率，如模型（3－6）所示的 $\hat{\eta}_{it}$）。（b）纵轴为城市规模对经过调整的城市全要素生产率的边际效应，偏重服务业的城市指产业结构 *structure* <1 的城市。

图 3－6　偏重服务业城市样本的非线性部分估计结果

本章小结

生产和人口空间聚集能提高劳动生产率是主张发展大城市和特大城市的主要依据，特别是中国经济进入高质量发展阶段以来，寻找新的经济增长点再次成为焦点，发展大城市和特大城市的呼声渐高。

虽然城市经济学理论已经表明，城市发展受聚集经济和聚集不经济共同作用，现有实证文献通过在含有城市规模一次项的聚集经济模型中直接加入城市规模二次项，得出城市规模与生产率之间的倒U形关系，以此认为最优城市规模的存在。城市规模与聚集经济和聚集不经济存在复杂关系，依靠特定函数形式的实证模型得到的结论似乎并不能使人信服。本章研究突破现有文献这方面的不足，采用更加灵活的含有固定效应的部分线性面板数据模型进行估计，得出如下结论。

（1）中国城市的人口规模达到110万人之前，城市规模扩大劳动平均产出快速上升，在此之后不同人口规模的城市劳动平均产出无显著差异，城市规模与生产率之间并非倒U形关系。

（2）对于不同产业结构的城市分别研究，可以发现，不同产业结构城市的生产率变化趋势基本一致。在达到某个临界值之前，扩大城市规模劳动平均产出显著上升，在此之后并无显著变化，其中，偏重工业的城市的临界值为81.5万人，而偏重服务业的城市的临界值相对较小，为73.7万人。

（3）以全要素生产率为被解释变量进行稳健性检验，上述结论仍然成立。由此可知，在其他条件不变的情况下，扩大城市规模只有在一定范围内才可能提高城市生产率，以全部城市为研究对象，该临界值为110万人。也就是说，如果城市规模超过110万人，扩大城市规模的生产力效应明显减弱。

第四章

偏向性财政政策与城市规模扩张

人口和生产的空间分布不仅依赖市场的力量，也与政府行为有关，中国的政策实践对城市规模的影响不容忽视。一般情况下，中国城市规模越大的城市行政等级越高，公共资源向行政等级高的城市集中，形成了偏向于大城市的财政支出政策。借鉴新经济地理学框架，本章研究偏向性财政支出政策对人口和生产空间分布的影响。数值模拟结果表明，偏向于大城市的财政支出政策是大城市持续膨胀的重要原因，并且过度集中降低了居民的福利。由此可见，处理大城市规模膨胀问题需要将政府财政支出体系调整作为重要突破口。

偏向性财政政策是指财政支出偏向大城市。以2010年为例，中国一线城市人均一般预算财政支出是二线城市的2.2倍，是三线城市的3倍[①]。在其他国家也存在类似的偏向性财政政策，西班牙、德国和奥地利，人口密度高的地区被假定人均财政需求更高，可以从上层级政府获得更多的财政资助金。以德国为例，1999年，人口密度高的柏林、不来梅和汉堡等城市，所获得的联邦财政资助金与按平均分配相比分别多42亿德国马克、8亿德国马克和17亿德国马克（Fenge & Meier，2002）。美国的财政支出也是如此，2001年，人口规模超过30万人的地区市政当局的一般性人均支出是20万～30万人地区的1.8倍（Buettne & Holm－Hadulla，2013）。

财政支出在城市间的分配影响公共服务的空间分布，不难发现，中国优秀的教育资源、先进的医疗设施、高档的歌剧院和环境优美的公园等都集中于大城市。大城市通过优质的公共服务吸引人口和企业而产生聚集经济，聚集经济使大城市有更高生产力可以提高名义收入，但是大城市居民又不得不面对城市扩张带来的负面影响，如过高的房价、拥挤的交通和污染的空气等。

财政支出偏向于大城市是否有效率，现有文献的研究结论并不一致。此领域的种子文献——Flatters等（1974）的研究认为该政策可能有效率，他们的研究结论表明，在人口密度高的地区居民消费每单位公共品的人均成本低，当人口流入对公共品供给成本的正外部性大于对劳动边际产出的负外部性（受土地数量限制）时，对人口密度高的地区进行财政补贴可以提高居民福利。加拿大部分省份拥有丰富的自然资源，如石油和天然气，而只有定居于本省的居民才能参与自然资源租金的分配，Boadway和Flatters（1982）进一步考察自然资源

① 一线城市指北京、上海、广州、深圳和天津等城市，二线城市指武汉、南京、杭州、成都、哈尔滨、西安、济南、青岛和长沙等城市，三线城市指黄石、宜昌、襄阳、汕头、佛山、惠州、嘉兴、湖州、绍兴、南通、连云港、扬州等城市。根据2011年《中国城市统计年鉴》中“一般预算财政支出”和第六次全国人口普查各个城市的常住人口数据计算人均一般预算财政支出。

租金共享以及消费公共品的竞争性程度等因素的影响，得出类似的结论。

Fenge 和 Meier（2002）对上述文献的研究结论提出质疑，他们的研究引入聚集经济与聚集不经济，聚集经济使人口密度高的地区的厂商具有更高的技术水平，而每单位公共品的人均供给成本是人口密度的增函数体现了聚集不经济，对大城市的补贴可能使其聚集水平超过最优水平，降低居民福利。Fenge 和 Meier（2002）的聚集不经济说明大城市具有公共品供给的成本劣势，Buettne 和 Holm - Hadulla（2013）认为这种观点与城市公共财政文献的结论不一致，由于公共品是非竞争性（Non - Rivalry）消费品，每单位公共品的人均供给成本随着人口规模下降，大城市具有公共品供给的成本优势，这种成本优势使大城市居民选择消费更多相对便宜的公共品来替代相对昂贵的私人消费品，如果公共品的希克斯需求弹性足够高，那么偏向性财政政策有效率。

本章研究发现，即使考虑到大城市具有较高的生产效率和公共品供给的成本优势，对大城市的偏向性财政政策仍然可能没有效率，降低居民的福利，这是因为大城市存在以住房拥挤为主要表现形式的聚集不经济。现有文献设定的居民效用函数包括两类消费品——私人消费品和公共消费品（Flatters et al.，1974；Boadway & Flatters，1982；Fenge & Meier，2002；Buettne & Holm - Hadulla，2013）。住房是一种比较特别的私人消费品，随着生活水平的提高，消费者对住房的消费需求有不断上升的趋势，发达国家住房支出占家庭总支出约30%，中国城市居民住房支出随着经济增长不断提高，在城市经济学文献中，昂贵的住房成本是聚集不经济的主要表现形式（Helpman，1998；Tabuchi，1998；Murata & Thisse，2005）。鉴于此，本章设定的居民效用函数与城市经济学文献保持一致，将消费品进一步细分为公共消费品、一般性私人消费品（以差异性制造品组合的形式表示）和住房，偏向性财政政策使人口向大城市聚集，大城市居民不得不面临高昂的住房成本。

与传统研究此问题的文献不同，本章的理论模型充分考察了公共品空间分布对经济活动空间分布的影响。现有文献只考虑城市人口规模对公共服务供给成本的影响，但是一个城市的公共服务供给数量（或质量）对其人口规模也有影响，两者存在相互影响。Stiglitz（1977）以公共品具有非竞争性为前提假设分析得出，人口规模大的城市有公共品供给的成本优势，其将提供更多公共品，吸引人口流向该城市，随着城市人口规模扩大，进一步增强该城市公共品供给的成本优势，其公共品供给也将越多，再次吸引人口流入该城市，此累积循环过程也是一种聚集向心力。Roos（2004）将此聚集向心力引入新经济地理学框架，分析公共品空间分布对经济活动空间分布的长期影响。本章借鉴此方法，分析偏向性财政政策下公共品的空间分布，以及由此产生的经济活动的空间分布，相比于现有理论模型中的城市（Buettne & Holm - Hadulla，2013），我们的理论模型中的城市才是真正意义上的开放城市，这是因为，在本章的数量模型中，此领域所研究的关键因素公共品供给对城市规模有直接的影响。

现有研究此问题的理论模型认为，生产函数将土地作为一种重要的生产要素，大城市的生产土地数量是约束其扩张的关键，然而，近二十年来已经很少有文献在城市经济的生产函数中加入土地这一生产要素，因为现代工业企业和现代服务业对土地要素的依赖已经大为削弱，但对市场的依赖却大为提高。本章的新经济地理学理论模型通过垄断竞争厂商来研究市场规模的作用（Krugman，1991），由于地区之间的商品贸易存在运输成本，大城市居住更多人口形成了较大的本地市场，大城市厂商邻近市场可以给工人提供更高的名义工资，因此，本章的研究还发现，对大城市的偏向性财政政策拉大了城市之间的名义工资差距。另外，在现代工业社会，消费者已经不再满足于消费同质商品，对商品的多样性越来越关注，但是现有理论模型的厂商生产同质产品，忽略了消费者的多样性偏好，本章运用垄断竞争厂商构造模型的另一个优势是，每个厂商生产的商品具有差异性，可以分析消费者的多样性偏好，研究发现，大城市居民由于邻近市场而享有消费多样性的便利。

新经济地理学理论模型的每个参数都有具体的经济学含义，可以通过数值模拟讨论不同参数组合下的研究结论，寻找影响研究结论的关键性参数。本章数值模拟结果表明，偏向性财政政策能否提高居民福利，住房支出份额的取值是关键。当住房支出份额较高时，偏向性财政政策对大城市的影响以聚集不经济为主，降低居民福利。当住房支出份额较低时，如果公共品对居民消费非常重要，那么一定程度的偏向性财政政策有可能提高居民福利，这是因为，一定程度的偏向性财政政策使人口在大城市有一定程度的聚集，住房支出份额较低说明大城市的聚集不经济对居民的影响较弱，公共品对居民消费非常重要说明大城市的公共品的供给成本优势对居民非常重要，因此偏向性财政政策对大城市的影响可能以聚集经济为主，提高居民福利。如果对大城市进行过度补贴，人口过度扩张将使对大城市的影响以聚集不经济为主，那么居民的福利反而下降。近年来我国大部分城市房价快速上涨，如35个大型和中型城市的房价收入比的平均值在2013年已经达到10.2[①]，大城市居民的住房压力非常大，因此，在中国采取偏向于大城市的财政政策会降低居民福利。

一、关于城市财政支出政策的研究评述

区域经济学和城市经济学都关注城市规模受哪些因素影响。区域经济学分析人口和生产空间分布，假设整个经济体由若干相互独立又相互联系的区域组成，人口和生产的空间聚集区可以视为城市，而在城市经济学中，通过分析城市体系来研究城市规模，两者都运用人口和生产的空间分布均衡理论。现有文

① 数据来源于上海易居房地产研究院发布的《全国35个大中城市房价收入比排行榜》。

献关于城市规模的影响因素可以分为如下几类：

（1）生产所需要的原料资源供给对城市规模的影响。Weber（1909）在《工业区位论》中研究制造业的空间分析时强调原材料运输费用总成本，而厂商位于原材料供给地有利于节省运输成本。Fuchs（1962）通过研究美国北部地区的城市和制造业发展历史发现，一个地区的制造业依赖于该地是否能够便利地获得自然资源。Kim（1999）以1880～1987年美国产业聚集状况为研究对象分析产业区位商的影响因素发现，一个地区的自然资源对该地区产业的规模有非常显著的正向作用。Glaeser和Ellison（1999）通过分析自然资源对雇用劳动力规模的影响发现，一个城市的自然优势对该城市规模发展具有大约20%的解释能力。

（2）自然宜居性对城市规模的影响。Rosen（1974）认为，自然宜居性是居民效用函数的重要组成部分，影响人口空间分布。具体表现为：一个城市的自然宜居性比较高会吸引人口流向该城市，增加劳动力供给量的同时降低工人的平均工资，与此同时，随着人口流入，整个城市的住房需求增加，引起住房价格上涨，通过上述渠道，一个城市的工人工资和居民的住房价格对其自然宜居性进行了补偿。Roback（1982）运用类似的思想，将自然宜居性、工资水平和住房消费共同引入城市居民消费函数中，通过分析居民消费效用最大化和人口流动的空间均衡发现，自然宜居性较高的城市具有较高的住房成本或较低的工资水平，以美国1973年98个大城市的数据对上述理论分析进行了实证检验。Glaeser等（2009）运用美国大都市区数据对自然宜居性与城市人口规模之间的关系进行实证分析，研究结果表明，城市人口规模与其所处地区一月份平均气温存在显著的正向相关关系。

（3）产品市场规模对城市规模的影响。克里斯塔勒（1933）的中心地理论和勒施（1940）的市场区位论都认识到产品的市场规模对人口和生产空间分布有着重要影响，Beckman（1958）运用Losch的市场区位论对城市规模与

市场规模的关系进行分析，研究发现层级较低的城市居民消费层级较高城市的产品和服务，这使层级较高城市的规模与其他较低层级城市的规模相关，并且农村地区也消费城市产品，因此城市规模也与农村居民的消费规模相关。Krugaman（1980）将本地的产品市场规模对产业聚集的影响称为本地市场效应，并且首次将其正式地引入经济学数理模型中，厂商的生产具有规模报酬递增的特征，该特征导致产业规模扩大，这也意味着有更多的工人向其聚集，使本地的居民人数增加，形成更大的本地市场规模，再次吸引厂商流入本地，形成自我强化的聚集过程。

（4）内生的宜居性之一——消费多样性对城市规模的影响。Clark（1945）将生产活动划分为三次产业，并认为服务的提供需要较大的市场规模为依托，而某些服务只有在大城市才能找到足够的市场规模，这意味着只有在大城市才能消费到这些服务。Abdel - Rahman（1988）将消费者的多样性偏好纳入效用函数中，认为消费者的效用最大化水平决定了城市的规模，而消费者的效用与消费品的种类有关，城市居民对消费多样性的愿望越强，其从该城市多样性生产所获得的效用越大。Glaeser 等（2001）实证分析了城市消费多样性的机会对居民的吸引力，其中，城市中心地带更高的住房价格包含了消费多样性便利的机会成本。

（5）随着技术水平的提高，交通运输成本下降，厂商生产对自然资源的依赖程度降低，从外地进口商品更加容易，自然宜居性对城市发展的影响逐渐变弱，产品市场规模和消费多样化成为研究城市规模发展的关注点。人口和生产的空间分布是新经济地理学重要的研究课题之一，在本质上也研究了城市的人口和生产规模。

Krugman（1991）的研究是新经济地理学的种子文献，通过构建两区域两部门数理模型来分析人口和生产的空间分布。模型设定的效用函数包括农产品和差异性制造品组合，农民生产农产品并且在两区域之间不可流动，不可迁移的农民对制造品的消费阻碍厂商向单个区域聚集，这是因为，厂商向单个区域聚集，该区域的厂商竞争加剧，而另一个区域由于居住有不可迁移的农民而形成需求使厂商竞争减弱。厂商向单个区域聚集也在该区域形成吸引力，如该区域的工人越多，产品市场规模越大，厂商在产品市场规模更高的区域生产可能给工人提供更高的工资，另外，工人居民在厂商更多的区域具有消费多样性的便利，所以该区域对工人的吸引力也在增强，工人数量增多又促进本地市场规模扩大，这是一个累积因果循环的过程。

上述两种力量共同决定人口和生产的空间分布，通过严谨的数理分析发现，产品在两个区域之间的运输成本、差异性制造品的替代弹性和差异性制造品组合的支出份额是三个关键性的影响因素。差异性制造品的替代弹性越小，说明工人对多样性消费的愿望越强，厂商具有更大的垄断力量，规模经济效应越强，另外工人从多样化生产获得的效用越多，因此，人口和生产向单个区域聚集的趋势越明显。产品在两个区域之间的运输成本越低，则意味着农民从外地购买消费品的成本越低，厂商向单个区域聚集产生的竞争加剧的程度越小，越有利于厂商向单个区域聚集，当然，工人从外地获得消费品也变得更加容易，其对聚集的影响正好相反。制造品组合的支出份额越高，在整个经济体内农民数量越少，农民消费所产生的聚集阻力越小，人口和生产的空间聚集越明显。在经济的发展过程中，运输技术提高使运输成本下降，人们消费更多的工业品，即差异性制造品组合的支出份额越来越大，同时，收入提高使人们对多样性消费偏好越来越强，这些都有利于人口和生产向单个区域聚集，形成中心与外围的空间布局模式。

Helpman（1998）在肯定 Krugman（1991）对人口和空间分布的分析方法的同时，对其分析过程提出了质疑，他认为，阻碍人口和生产向单个区域聚集的因素包括高房价、高通勤成本和污染等，而住房拥挤形成的高房价最为关键，所以他对 Krugman（1991）假定的居民效用函数进行了改进，将农产品换

成住房，与人们将住房视为一项重要消费品的现实相吻合。假定每个区域住房供给量一定，如果人口和生产向单个区域聚集，那么该区域每个居民（具有同质性）住房消费量下降而降低效用水平，产生人口和生产向单个区域聚集的阻力。交通运输成本越低，居民从外地获得差异性制造品越容易，厂商聚集的必要性下降，由于存在住房稀缺性，所以可能出现与人口和生产在空间上均匀分布的情况。Helpman（1998）的贡献是将住房稀缺性纳入分析框架，使新经济地理学对人口和生产分布的研究更具有城市经济学特征，这也让人们想起另一个对人口和生产的空间分布具有重要影响的因素——地方公共品。

（6）内生的宜居性之二——地方公共品对城市规模的影响。Samuelson（1954）认为，公共物品与其他的一般性商品不同，公共物品具有“非竞争性”。“非竞争性”是指公共物品的消费者数量增多并不会减少原有消费者的消费量，还具有“非排他性”。“非排他性”是指由于技术或成本等原因，消费者并不能排斥其他消费者使用公共物品。公共品的“非排他性”特征使公共品由政府提供更有效率，由于地理空间的阻隔，公共品也具有区域特性，那就是只有居住于本区域的居民才能消费某些本地政府提供的公共品，而“非竞争性”特征表明公共品的供给具有规模效应。

Tiebout（1956）认为，在一个城市内，本地政府可以通过提供地方性公共品提高城市的宜居性，增加居民的效用水平吸引人口和厂商流向该城市，这称为“用脚投票”，并指出在美国，地方政府在提供公共品方面起到很大作用，其支出占美国整个财政支出的一半以上。传统经济学观点认为，地方政府为了有效地提供公共品，需要大量居民消费偏好的信息，然而居民与地方政府之间的信息不对称普遍存在，Tiebout 提出的“用脚投票”的人口流动模式，实际上是通过人口流动来反映居民的消费偏好信息，为解决公共品供给无效率的问题提供了理论支持。Tiebout 分析得出，在提供相同数量或质量公共品时，地方政府如果实现人均公共支出水平最低，那么此时的城市规模为最优城市规模。Arontt 和 Stiglitz（1979）在单个城市的框架下，论证了所提出的一个定理，即一个城市的最优公共物品支出应该等于该城市的总级差地租，他们的研究不但提供了代数和几何证明，还将其推向一般化。

Stiglitz（1977）也对地方性公共品进行了分析，并主要突出地方性公共品供给过程中规模效应以及其所形成的聚集效应。一个区域或城市的人口规模越多，那么该区域或城市的公共品将有更多消费者，公共品的消费存在“非竞争性”，消费者增多并不影响原有消费所获得的效应，再加上人口规模增加带来了税源，使地方政府有更多资金，地方政府将这些资金用于提供公共品。公共品增加提高了居民的效用水平，吸引更多人口流向该区域或城市，形成一种聚集向心力，这种力量对人口和生产的空间分布至关重要。Ross（2004）运用 Stigliz（1977）的思想，对 Helpman（1998）的分析进行拓展，将新经济地理学模型中的效用函数扩展为三部分——差异性制造品组合、住房和地方公共品，在仅存在两个独立的地方政府的制度背景下分析人口和生产的空间分布，使新经济地理学对人口和生产的空间分布更加深入，理论模型所描绘的人口和生产的空间分布模式与现实更加接近。

另外，关于公共财政支出的效率问题，在 Tiebout（1956）之后，有大量的文献对此问题做出了贡献。Flatters 等（1974）发表了该领域的种子文献，他们的论文构建的模型包括两个区域——区域 A 和区域 B，其中区域 A 的土地面积大于区域 B 的土地面积，劳动力是另外一个生产要素。如果两个区域劳动的边际产品相等，那么区域 A 的劳动力（即人口）数量大于区域 B 的劳动力（即人口）数量。由于区域 A 的人口数量大于区域 B 的人口数量，所以区域 A 每单位公共品的税负小于区域 B 每单位公共品的税负。劳动工人在两个区域之间可以自由流动，受区域 A 低税负的吸引，人口将流向区域 A，因此达到人口流动均衡时，区域 A 的人均土地面积小于区域 B 的人均土地面积（即土地面积小的区域 B 的人口密度低），区域 A 的劳动边际产出小于区域 B 的劳动边际

产出（即土地面积小的区域 B 的劳动工资高），区域 A 每单位公共品的税负小于区域 B 每单位公共品的税负（即土地面积小的区域 B 的公共品供给的税负重）。因此，人口密度低的区域 B，具有高工资、高税负。

通过上述分析可以发现，每个居民都进行分散化决策，任意一个居民从区域 B 流入区域 A 时，区域 A 的原居民每单位公共品的税负下降，而仍然留在区域 B 的居民每单位公共品的税负上升，因此人口在区域之间流动过程中，对人口规模增加的区域 A 的原居民有正外部性，而对人口规模减小的区域 B 的居民有负外部性。与此同时，如果区域 A 有居民流入，那么该地区劳动边际产出下降，反之，仍然留在区域 B 的劳动力的劳动边际产出上升。分散化决策没有将上述外部性内部化，所产生的人口分布结果存在帕累托改进，相对于帕累托有效率的人口分布，可能出现如下情形：人口密度低的区域 B 人口规模过大，人口密度高的区域 A 人口规模过小，人口从区域 B 流向区域 A，所产生的公共品供给的正外部性提升居民福利，劳动边际产出下降降低居民福利，如果前者大于后者（区域 A 人口规模相对较小，边际产品下降较慢，而公共品供给成本分摊节省较多），那么，区域之间需要进行财政转移，对人口密度高的区域 A 进行财政补贴。

Fenge 和 Meier（2002）的模型有两个区域——一个城市和一个农村，两个区域的土地禀赋不同，其中，农村的土地数量大于城市的土地数量，土地是作为厂商的生产要素；另一个生产要素为劳动力，每个工人无弹性地提供一单位劳动，劳动工人在两个区域之间自由流动，在其所选择的区域获得一份本地工资（两个区域工资有差异）。每个人的效用函数的投入为普通私人品（the Ordinary Private Good）和公共供给品（the Publicly Provided Good），并且关于两者为严格递增和凹函数（也就是说，两者消费量越多效用水平越高，但是边际效用下降）。公共品被视为非纯公共品（Impure Public Good），每单位公共品的供给成本随着区域人口规模上升而增加。两个区域内的土地归全体居民所有，并且平均分配。每个区域对地租收取一定比例的税收，并且每个区域的税收比例可能不同，当然每个区域的租金税是唯一的税收来源。

每个区域有一个厂商，厂商的生产函数为新古典生产函数，两种生产要素分别是劳动（区域总人口）和土地（区域土地总量），规模收益不变且边际产出递减。但是厂商技术水平的设定体现聚集经济，人口密度越大技术水平越高，但是随着人口密度增加，技术水平的增长速度下降。公共品的生产以厂商的产品为投入（也可以说是广义的私人品），生产一单位公共品所需要的厂商的产品即公共品的生产成本，是区域人口密度的增函数，并且随着人口密度增加，每单位公共品的生产成本的增长速度上升。公共品生产的资源（厂商的产品）来源：第一步，中央政府设置财政转移，从一个区域（地方政府）拿走一部分土地租金给另一个区域（地方政府）；第二步，每个区域（地方政府）设定土地租金税收比例，收取土地租金归各个区域所有（区域性地方政府）。财政转移导致人口流入接受财政转移的区域，如人口密度高的城市。如果在城市中供给公共品的边际成本高，是因为某种形式的拥挤，那么人口流入城市将产生过度拥挤，进一步提高供给成本，简言之，人口密度高的城市有公共品供给劣势，财政转移中优待城市，人口流入城市增加城市的人口密度，公共品供给劣势更强。在没有财政转移情况下，两个区域分别为城市和农村，城市土地面积小、农村土地面积大，城市人口密度高于农村人口密度。城市人口密度高有聚集经济，每个城市居民私人品消费量大于每个农村居民私人品消费量，与此同时，每个城市居民公共品消费量小于每个农村居民公共品消费量，人口迁移达到均衡。

如果区域之间进行财政转移，并且财政转移的资金来源于农村而城市接受这一笔资金，那么城市公共品的供给能力得到提高，吸引人口流向城市。随着城市人口密度上升，聚集经济增加，每个城市居民私人品消费量上升，土地租金上升，加上获得的财政转移资金，城市的地方政府总收入上升，但是公共品

供给产生拥挤，每个居民公共品消费量下降，总体来看，每个城市居民福利下降。在农村，由于人口密度下降，聚集经济降低，私人品消费量下降，土地租金下降，再加上区域的财政收入被转移出去一部分，农村的地方政府总收入下降，但是公共品供给的拥挤下降，每个农村居民公共品消费量可能下降或上升，总体来看，每个农村居民福利下降。区域之间进行财政转移，并且财政转移的资金来源于农村而城市接受这一笔资金，这种对城市进行优待的财政分配损害居民福利，是因为公共品供给有拥挤效应，城市人口密度越高，公共品供给的成本越高，即使城市租金收入和财政转移都增大（其中财政转移从等于0变为大于0），每个居民的公共品消费量还是下降。

Buettner 和 Holm - Hadulla（2013）构建数理模型对大城市人均支出更高的现象进行解释。他们假设经济体有两个行政辖区，两个行政辖区存在外生的全要素生产率差异，其他都相同。经济体的土地总量一定，但每个行政辖区的土地数量可以变化。土地和劳动力是生产要素，一个行政辖区有一个厂商，厂商的产出或直接作为私有消费品，或作为生产公共消费品的投入。每个家庭有一单位劳动力，有严格拟凹的效用函数，消费品分为两类，分别为私人品和地方公共品。地方公共品的生产成本与每个家庭地方公共品消费量和行政辖区人口规模有关，并且是关于两者的增函数。假设存在一个中央计划者，家庭在行政辖区之间自由流动，每个家庭效用（两个行政辖区家庭效用相等）最大化是资源配置的目标。

在其他条件都相同的上述两个行政辖区，存在一个外生的全要素生产率差异（其来源没有讨论），那么形成一个人口规模更大的行政辖区称之为大城市，另一个人口规模较小的行政辖区称之为小城市，大城市公共品具有相对的成本优势，也就是说，大城市家庭消费一定数量公共品的成本小于小城市，因此大城市居民选择消费更多相对便宜的公共品而消费更少的私人品。虽然供给每个家庭一定数量公共品的成本下降，但是如果满足一定条件，大城市公共品消费量增加的影响作用占优，那么每个家庭平均公共支出将增加。

通过梳理现有文献可以发现：

第一，影响城市规模的因素包括生产原材料获得的便利性、产品的市场规模、自然宜居性、内生的宜居性（消费多样化和地方性公共品）和住房的稀缺性等。如果分析市场性影响因素，市场规模、消费多样性和地方性公共品的供给可能形成促进人口聚集的作用力，而住房稀缺性则阻碍人口聚集，是防止大城市过度膨胀的主要市场力量。

第二，新经济地理学分析框架的一个重要前提假设是，工人可以在区域之间无成本流动，使其可以很好地分析人口和生产的空间分布。经过理论探索，居民效用函数包括差异性制造品、住房和地方性公共品，这是一种比较合适的设定形式。将地方性公共品加入理论分析，不但要考察地方政府的行为，还要对中央政府的行为进行研究，如财政支出偏向大城市。

第三，偏向大城市的财政支出政策是否有效率，仍然是一个有争议的话题。虽然大城市具有地方性公共品的供给成本优势，但是城市扩张也会带来聚集成本，如住房成本、通勤成本、污染成本和社会管理成本等。在理论分析中，如果人口可以在区域之间自由流动，那么偏向大城市的财政支出政策是否有效率，还应该考虑大城市高昂的住房成本所体现的住房稀缺性。

二、中国财政体制的演变

财政体制对中央政府、地方政府以及各级地方政府的财政收支范围、职责与权限进行规定，对政府行为起着激励和约束的作用，各个地方的财政支出直接影响公共品的空间分布和人口流动。中华人民共和国成立以来，我国财政体制的演变过程，大体可以分为“统收统支”“分级包干”和“分税制”三个阶段，每个阶段的城市发展各有特点。

（一）“统收统支”阶段（1950～1979年）

“统收统支”的财政体制在中华人民共和国成立的时候得到确立。1980年之前财政体制虽然有过多次的调整，但是仍然保留着“统收统支”的基本特征，因此，将此时间段的财政体制称为“统收统支”阶段。“统收统支”的基本特征是，中央政府主导全国的财政收入和支出，并且国家的非农业投资也主要由中央决定，财政资源高度集中于中央政府，各个城市发展主要看中央政府的安排。

1. “统收统支”财政体制的建立和调整

中华人民共和国刚成立的时候，中央政府的财政收支极不平衡，如1949年财政赤字率高达近90%，其中，全国财政收入只有303亿斤小米，而财政支出却高达567亿斤小米[①]。中央政府在如此巨大的财政压力下，一方面要控制通货膨胀以免引起经济动荡，另一方面又要承担恢复和发展经济的重任，只能选择“统收统支”的财政制度安排。“统收统支”的财政制度指“收支两条线”的财政模式，各级地方政府负责财政收入的收取工作，但是对这些收入没有直接的支配权，必须先交给中央政府，再由中央政府统一分配给地方政府，地方政府的分配所得也是地方政府所有开支的资金来源，地方政府所获得的开支与其所上缴的财政收入并不存在直接的联系。

随着国家的财政能力逐渐稳固，同时也为了调动地方政府发展经济和增加

① 项怀诚等. 中国财政50年［M］. 北京：中国财政经济出版社，1999.

财政收入的积极性，高度集中的财政体制开始进行调整。在整个“统收统支”阶段，财政权力主要表现为集中于中央政府，虽然有过多次分权的改革，但是由于当时国内的政治和经济不断出现不稳定因素，每次改革持续的时间较短，而且中央政府总是以重新集权来应对财政危机。

2. “统收统支”阶段中国城市发展的特点

在“统收统支”阶段，城市的经济发展有如下特点：劳动力的工资水平普遍很低，地方政府为城市居民提供大部分生活用品和服务，如食品、住房、医疗和教育等。农村居民向城市迁移受到严格限制，一个城市的人口规模完全由该城市的产业发展所需劳动力数量决定，而中央政府直接主导着各个城市的产业投资，因此，各个城市的发展几乎直接由中央政府决定。

在计划经济时代，我国的产业发展具有明显的重工业化特征，根据当时的条件，发展重工业需要投入大量的资金，并且要求高强度的技术研发，资本投入带动的就业少，并且，重工业具有较高的规模经济，只有发展到一定规模才能体现效益，产业发展需要聚集更多人口，容易形成大规模城市，但是服务业没有得到发展，城市规模扩张有限。

另外，当时私人进行的投资不被允许，而投资活动主要由政府主导，一般情况下，政府主导投资易产生企业过大的弊端。例如，在 1983 年的工业生产总值中，2500 个大型中央级国有企业所占的比重高达 30%，而省市级国有企业有 30000 ~ 40000 个，是央企数量的 12 ~ 16 倍，但是所占比重不足 30%①。从城市人口分布来看，1984 年达到大城市标准的城市有 50 个，是全国城市总量的 17%，然而有超过 60% 的城市人口居住在这 50 个大城市②。

① 平新乔．财政原理比较财政制度［M］．上海：上海人民出版社，1995.
② 数据来源于《中国城市统计年鉴（1985）》。

“统收统支”阶段，1953年有5402个小城镇，但是政府主导的投资偏向于大城市，小城镇发展受到明显的抑制，到1982年小城镇的数量下降到2664个①。这是因为，中央政府主导的投资几乎没有给小企业发展的机会，小企业甚至都难以成立，并且存活的空间相对有限，而小城镇主要是小企业的聚集地，因此，我国的小城镇发展受阻。

（二）“分级包干”阶段（1980～1993年）

“文化大革命”结束时，国民经济已经处于崩溃的边缘，另外，中央政府为了提高居民生活水平，对工资和农副产品价格等进行了改革，导致生产的劳动成本和原料成本大幅上升，中央政府的财政状况进一步恶化。为了调动地方政府增加财政收入的积极性，以摆脱财政困境，中央政府实施财政包干的体制改革，使地方政府同时具有相当大的财权和事权。根据中央和地方承包合同的特点，分为三种模式。

1. “分级包干”的三种模式

1980～1984年，采取“划分收支、分级包干”的模式。以各级政府的隶属关系为依据，规范中央政府和地方政府的收入②与支出范围，地方政府将根据自身的收入状况来安排支出，以期实现各级地方政府的财政收支平衡。上缴和补助数额的确定原则是，地方财政收入大于支出部分按一定比例上缴，反之，如果地方政府收入小于支出将获得补助，补助款来源于工商税或中央政府直接补助，其中上缴比例和补助数额原则上5年不变。

---

① 罗茂初．对我国发展小城镇政策的追溯和评价［J］．人口研究，1988（1）：12－18.

② 财政收入被划分为中央固定收入、地方固定收入和中央地方共享收入。

为了适应1983年国有企业“利改税”[①] 的企业税制变化，对“分级包干”进行了相应调整。1985年开始，全国大部分地区实行“划分税种，核定收支，分级包干”。虽然财政收入仍然划分为三类，但是国有企业应该上缴的税收，不再按所有权划分而是以税种为划分依据。此时的“分级包干”按上缴和补助形式不同可以分成四种。上缴的省区有两种：第一种，上缴一定份额的地方固定收入和共享收入（11个省和3个直辖市）；第二种，上缴固定数量的财政收入（广东和黑龙江）。获得补助的省区也有两种：第一种，获得一个固定数量的转移收入（5个省）；第二种，获得10%递增的财政补贴（7个省）。当然，该阶段的分税与1994年的分税有本质的不同[②]。

随着国有企业改革的深入，中小型国有企业推行企业承包经营责任制，将经营权转移给国有企业经营者，承包者除了上缴一定的利润和税金后，可以自由支配剩余利润。为了配合中小型国有企业推行的经营权变更改革，1988年开始实行多种形式的“包干制”。上缴较多的省区（江苏、北京等13个省市）实行财政包干、3年不变的形式。其他省区共有6年不同的“包干”形式：收入递增包干、总额分成、总额分成加增长分成、上缴递增包干、定额上缴和定额补助。除总额分成外，其他形式都为边际分成递增，也就是说财政增长越多，地方政府可以留存的比例越大。根据林毅夫和刘志强（2000）的测算，有28个省区的财政收入增长的边际分成率超过50%，并且绝大部分省区的边际分成率达到100%[③]，地方政府增收积极性被极大调动。

---

① 国有企业由上缴利润改为上缴所得税。

② 在该阶段中央固定收入和地方固定收入只占财政收入很小的比例，共享收入的比重很大，地方政府负责税收的征缴，中央政府的收入增长主要依靠地方政府。

③ 林毅夫，刘志强．中国的财政分权与经济增长［J］．北京大学学报（哲学社会科学版），2000(4)：5-17.

2. “分级包干”阶段中国城市发展的特点

“分级包干”财政体制极大地调动了各级地方政府发展本地经济的积极性，1980～1993年财政收入年均增长率为10.2%[①]，国家财政能力快速发展，为公共品供给提供了资金来源。在调动地方政府积极性的同时，也加剧了各个地区之间的竞争，居民在计划经济时代被压抑的公共品需求得到释放，为了获得竞争优势，地方政府加大地方公共品的投入，城市政府不断增加地方公共物品的供给。当然，公共品的改善只有城市户籍人口能受益，劳动力流动的限制和歧视性的“地方公共物品”供给，阻碍了城市规模的进一步扩大。

由于劳动力和资本的机会成本都很低[②]，以及中央政府政策的放开和乡镇政府的支持，乡镇企业在乡镇地域获得地方性的竞争优势，乡镇企业获得了发展的优势。然而，蓬勃发展的乡镇企业也增强了小城镇的产业基础。乡镇企业以社队企业为基础，而社队企业都是分散分布，为无法进入城市的农村剩余劳动力进入非农生产提供了机会，再加上离家乡很近，工作变换的情感成本很低，1984年后对农村居民进入城镇的放开，使我国小城镇获得了发展。

（三）“分税制”阶段（1994年至今）

“分级包干”的财政体制虽然极大地激励了地方政府发展经济和增加财政收入，但是也带来了各种问题，例如，财政包干合同变更频繁，制定成本高昂；地方政府财政负担不公平；地方政府利用信息优势减少对中央财政收入的负担；地方政府保护本地企业，阻碍形成全国市场；中央财政劣势明显，甚至

① 数据来源于《新中国60年统计资料汇编》表1－15。

② 我国的改革以农村“家庭承包责任制”为起点，农村改革使农村收入提高，有更多剩余资金投入乡镇企业。

影响到中央政府行使正常职能。针对上述问题，中央政府进行了“分税制”改革，“分税制”具有重要影响，特别是对不同规模城市的发展。

1. “分税制”财政体制

“分税制”财政体制以事权和财权相结合为原则，调整中央政府和地方政府的财政收入分配关系，促进中央财政收入的增长。“分税制”改革从1994年在全国范围内实施，主要针对如下三个方面的内容进行了改革：

第一，划分中央税收收入和地方税收收入。按照税种分为中央税、地方税和中央与地方共享税，把税收量大并且容易征收的税种划归中央收入（国内消费税、关税等），把税收量小并且比较难征收的税种划归地方收入（城镇土地使用税、耕地占用税等）。

第二，划分中央与地方的事权和支出责任。全国性事务支出主要由中央政府主要负责，如国防费、外交支出，以及文化、教育、卫生、科学等事业费等，而地方负责提供地方性事务支出，如城市维护建设经费、地方文化教育卫生的事业费等。

第三，分别建立中央级和地方级的国税与地税两套征收与管理机构。为解决税收征收时地方政府的机会主义行为，中央政府在各个地方也建立税收机构，并且共享的税种由中央税收征管机构征收，再转移给地方政府。中央政府与各级地方政府间建立和完善分级预算制度，硬化预算约束。

第四，为了照顾地方政府的利益，建立了税收返还制度，分为存量返还和增量返还两部分。1994年以后，每年地方政府净上缴给中央政府的财政收入给予部分返还，并且以地方政府1993年所对应的收入为返还基准，称为存量返还；为了调动地方政府的积极性，对于增值税和消费税等税收，每年增长的30%返还给地方政府，称为增量返还。

分税制实行以后，中央政府的财政状况明显改善，并实现了“两个份额”

的增长。第一个份额是指在全国财政收入中中央政府所占的份额，这一份额1993年为22%，1994年提高到55.7%，并一直保持在50%左右；第二个份额是全国财政收入占国内生产总值的份额，这一份额1993年为12.3%，到2008年达到20.4%①。随着中央收入的增加和中央财政压力的缓解，中央开始增加和完善一般性转移支付②和专项转移支付③。

2. “分税制”阶段城市发展的特点

“分税制”改革改变了企业区位选择的约束条件，改革以后地方政府在税收征收过程中受到中央级税收征收机构的制约，整个税收征收体系更加规范，税收优惠对企业区位选择的影响力大大减弱。然而，基础设施和公共服务成为企业区位决策的重要参考要素，特别是随着收入水平的提高，居民对宜居环境的需求越来越强烈，环境性公共品的作用也得到凸显。

“分税制”以后，企业不论分布于大城市还是小城镇，缴纳的税收大致相同，却恶化了县乡财政状况。随着小城镇税收优惠权利的丧失，乡镇政府在公共品供给方面严重不足，小城镇对企业的吸引力越来越弱。行政级别高于小城镇的城市，如直辖市、计划单列市、省会城市、地级城市和县级城市，基本上随着城市财政级别越高，地方政府能够给辖区企业提供基础设施的能力越强。

另外，我国高等教育都位于行政级别较高的城市，在教育支出方面，中央和省级政府的教育投入大多用于高等教育，基础教育的投入大多来源于地方政府。农村教育的投入主要靠县以下政府投入，虽然县乡级财政60%～70%要

① 郑鑫．我国财政体制对城市规模的影响分析［D］．中国社会科学院研究生院博士学位论文，2010.

② 一般性转移支付是中央财政通过年度财政预算，按照一定的标准向财力相对不足的地方转移资金，以弥补地方政府公共支出的不足，其中包括定额补助（1994年）、民族地区转移支付（2000年）、县乡基本财力保障机制奖补资金（2005年）、农村税费改革转移支付（2002年）等。

③ 专项转移支付是中央政府转移给地方政府用于向居民提供指定公共项目的财政资金，其中包括对教育、科学技术、社会保障和就业、医疗卫生、环境保护以及农林水事务的支持。

用于教育，但是“分税制”改革以后县乡财政困难，因此县乡级教育资源相当匮乏。

与此同时，人口流动的制度约束逐渐取消①，经济和生活环境等条件成为人口流动的主要因素，能提供更好公共品的城市吸引着企业，有产业基础就可以提供更多就业机会，吸引大量农村剩余劳动力。另外，“分税制”改革使第三产业发展的边际税收回报率更高，给予了地方政府发展第三产业的激励，促进了我国第三产业的发展，大城市的第三产业得到发展，进一步吸引人口，因此，从发展第三产业的角度，大城市的人口规模扩张也会更快。

从上述分析可以发现，在我国的城市发展中，地方政府的公共品供给能力起着十分重要的作用，并且公共品供给无论从空间还是行政体制的角度来看都不是均匀分布的。特别是“分税制”改革以后，税收优惠和户籍制度等对企业和人口的区位选择的约束能力越来越弱，公共品的地方供给成为一个影响国家或地区人口和经济活动的空间分布的关键性因素。公共品的地方供给基本由地方政府的财政支出决定，在我国城市财政级别越高，地方政府能够提供的公共品越多，财政支出存在偏向于大城市的倾向，本章的理论分析将基于这一政策实践。

三、前提假设

本章的理论模型沿用 Krugman（1991）和 Helpman（1998）的分析框架，同时与 Roos（2004）、Riou（2006）以及 Wang 和 Zeng（2013）等含有公共服

① 1994 年国家取消按商品粮标准划分农业户口和非农业户口，改为按居住地和职业划分农业人口和非农业人口，建立人口的常住、暂住和寄住三种管理形式，极大降低了对人口流动性的限制。

务的新经济地理学模型相结合，建立两城市三部门两要素的理论模型。经济体内共有三个部门：第一，差异性制造品部门，该部门产品可以在城市之间进行贸易，称为可贸易品，但要花费一定的运输成本；第二，住房服务部门，住房服务不可以在城市之间进行贸易，称为不可贸易品，并且其供给量由城市内土地数量决定；第三，公共品部门，该部门产品在城市间不可贸易且由各个城市地方政府提供。

差异性可贸易品市场为垄断竞争市场，其生产需要投入一种生产要素，也即劳动力，而且劳动力可以在城市之间无成本地流动。生产住房服务只需要投入另一种生产要素——土地，地方政府拥有土地所有权[①]，住房供给由政府垄断，并且每个城市的土地数量一定也即住房供给量一定，进一步假设两个城市土地数量相等，也即住房服务的供给量相等。

在住房服务部门，土地归当地政府所有，每个城市所有居民的住房服务支出总额等于该地区土地收入，归该地区地方政府。假设经济体内有 N 个劳动工人（每个劳动工人具有相同的消费偏好和技术水平），每个劳动工人无弹性地供给 1 单位劳动力，并获得 1 份劳动工资，中央政府对经济体内所有劳动工人征收劳动工资税，并且采取统一税率 τ，因此劳动工资税收收入即整个经济体的财政收入。假设中央政府并不直接参与经济生产活动，而是依据各个城市人口规模（或人口密度[②]）将财政收入分配给各个城市的地方政府。由此可知，地方政府总收入等于该地区的土地收入加上分配所得财政收

① 目前新经济地理学模型关于土地所有权的处理方式有四种：第一，整个经济体全民所有并且平均分配（Helpman，1998）；第二，每个区域内全民所有并且平均分配（Ottaviano et al.，2002）；第三，经济体之外的居民（或无名地主）所有（Tabuchi，1998；Pflüger & Südekum，2010）；第四，经济体内的一个独立地主所有，并且政府对其进行征税（Roos，2004）。中国城市土地归地方政府所有，因此本章提出第五种处理方式，土地归地方政府所有，土地收入作为地方政府收入的一部分，也即土地财政收入。

② 两个城市土地数量一定且相等，因此人口规模越大的城市人口密度也越高。

入，假设地方政府将其所有收入投入生产本地区的公共品，那么每个地方政府分配所得财政收入等于该地区财政支出。两个城市具有对称性（每个城市的劳动工人具有相同的消费偏好和技术水平，住房服务数量相等），不失一般性地假设，城市 1 为中心城市，城市 2 为外围城市，中心城市人口规模大于或等于外围城市。

根据偏向性财政支出的假定，中央政府在财政收入的分配过程中，偏向于人口规模大的中心城市，也即中心城市人均财政支出（即收入）大于或者等于外围城市人均财政支出（即收入），由此引入偏向性财政支出变量 λ，中心城市人均财政支出（即收入）是外围城市人均财政支出（即收入）的 λ 倍。

四、基础模型

（一）消费者行为

经济体内所有居民具有相同的效用函数，h 表示每个居民住房服务消费量，d 表示每个居民差异性制造品组合消费量，s 表示每个居民公共品消费量。参数 γ 和 ω（$0<\gamma<1$，$\omega>0$）表示居民对住房和公共服务的消费偏好，γ 越大表明住房服务在居民消费中越重要，ω 越大表明公共品在居民消费中越重要。所有居民的效用函数为：

$$u=h^{\gamma}d^{1-\gamma}s^{\omega} \tag{4-1}$$

差异性制造品组合 d 用 Dixit 和 Stiglitz（1977）所定义的对称性固定替代弹性（CES）函数表示：

$$d = \left(\int_0^n X_i^{\frac{\varepsilon-1}{\varepsilon}} di\right)^{\frac{\varepsilon}{\varepsilon-1}} \tag{4-2}$$

其中，X_i 表示每个居民所消费的第 i（其中，$i \in (0, n)$）类差异性制造品的数量，参数 ε（其中，$\varepsilon > 1$）表示任意两种差异性制造品的替代弹性，ε 越大表明差异性制造品之间越容易相互替代。

根据效用最大化原则求得，任意城市内所有居民对第 i 类差异性制造品的需求量为：

$$c_i = \frac{p_{ci}^{-\varepsilon} E^p}{P_d^{1-\varepsilon}} \tag{4-3}$$

其中，p_{ci}表示第 i 类差异性制造品在该城市市场的销售价格，E^p 表示该城市所有居民对差异性制造品组合的消费支出总量，P_d 表示该城市差异性制造品组合的价格指数。该城市差异性制造品组合的需求量和价格指数分别表示为：

$$d = \frac{E^p}{P_d} \tag{4-4}$$

$$P_d = \left(\int_0^n p_{ci}^{1-\varepsilon} di\right)^{\frac{1}{1-\varepsilon}} \tag{4-5}$$

（二）差异性制造品生产者行为

经济体内两个城市用 k 表示，k 等于 1 表示城市 1，k 等于 2 表示城市 2。每一类差异性制造品的生产技术相同，其生产成本包括固定成本和可变成本，都用劳动力投入量的形式表示。将第 i 类差异性制造品的生产成本 L_i 表示为：

$$L_i = \alpha + \beta y_i \tag{4-6}$$

式（4-6）表明，生产代表性差异制造产品，投入 α 单位劳动作为固定成本，同时每生产 1 单位产品的边际成本为 β 单位劳动，那么生产 y_i 单位制造品的可变成本为βy_i单位劳动，固定成本为α单位劳动。差异性制造品市场为垄断竞争，根据式（4－3）可知差异性制造品的市场需求弹性为$-\varepsilon$，依据生产者利润最大化原则，边际成本等于边际收益，可以求得第i类差异性制造品的出厂价格为：

$$p_{ki}=\frac{\varepsilon\beta W_k}{\varepsilon-1}，其中 k=1，2 \tag{4-7}$$

W_k表示城市k劳动工人供给每单位劳动的工资。垄断竞争市场第i类差异性制造品生产者实现利润最大化时，生产者的经济利润为零，即$p_{ki}y_i-L_iW_k=0$，由此求得第i类差异性制造品生产者利润最大化的生产量（即供给量）为：

$$y_i=\frac{\alpha(\varepsilon-1)}{\beta} \tag{4-8}$$

式（4－8）中第i类差异性制造品的生产量为一个参数组合，由此可知两个城市内所有差异性制造品厂商实现利润最大化的生产量相同，根据厂商生产成本式（4－6），此时所有差异性制造品厂商雇用的劳动工人数量也相等，并且等于$\alpha\varepsilon$。如果用n_k表示城市k差异性制造品厂商数量（即城市k差异性制造品种类数量），那么城市k所有厂商雇用劳动工人的总数量（即居民总人数）为：

$$N_k=\alpha\varepsilon n_k \tag{4-9}$$

（三）地方政府行为分析

根据基本假设，中央政府征收劳动税作为财政收入，但不直接参与经济生产活动，只是将财政收入分配给地方政府，下面将分析地方政府的行为，具体包括地方政府总收入和公共品供给。地方政府总收入由分配所得财政收入和土地收入两部分构成，并且地方政府将其所有收入投入生产本地区的公共服务。

1. 地方政府总收入

两个城市内所有劳动工人的劳动收入总和分别为 $W_kN_k(k=1, 2)$，劳动税税率为τ，由此可知，中央政府的财政收入等于$\tau(W_1N_1+W_2N_2)$。根据基本假设，如果中央政府将财政收入在两个城市之间分配，并且中心城市人均财政收入是外围城市人均财政收入的 λ 倍，那么，外围城市和中心城市的人均财政收入分别等于$\tau(W_1N_1+W_2N_2)/(\lambda N_1+N_2)$和 $\lambda\tau(W_1N_1+W_2N_2)/(\lambda N_1+N_2)$。

劳动工人即城市内居民，根据效用函数将其税后收入（即可支配收入）用于消费差异性制造品组合和住房服务。根据效用最大化原则，可求得每个城市内所有居民对差异性制造品的支出总额分别为$(1-\gamma)(1-\tau)W_kN_k(k=1, 2)$，对住房服务支出总额分别为$\gamma(1-\tau)W_kN_k$。住房部门中住房收入即每个城市地方政府土地收入，等于各个城市所有居民对住房服务的支出总额，因此，每个城市地方政府的土地收入为$\gamma(1-\tau)W_kN_k$。

综上可知，地方政府总收入 I_{gk} 等于分配所得财政收入加土地收入：

$$I_{g1}=\gamma(1-\tau)W_1N_1+\frac{\lambda\tau(W_1N_1+W_2N_2)N_1}{\lambda N_1+N_2}$$

$$I_{g2}=\gamma(1-\tau)W_2N_2+\frac{\tau(W_1N_1+W_2N_2)N_2}{\lambda N_1+N_2} \tag{4-10}$$

2. 地方政府的公共品供给

公共品生产和使用都具有区域特性，即地方公共品（Local Public Goods），一个地区所供给的公共品具有非排他性和一定程度的非竞争性。沿用 Andersson 和 Forslid（2003）以及 Riou（2006）的处理方法，地方政府公共品的生产以平均消费篮子的形式（Means of the Average Consumption Basket）表示，地方政府的总收入用来购买差异性制造品组，并且其偏好与式（4-2）的对称性固定替代弹性函数相同，由此可以求得，两个地方政府公共品供给总量为 $I_{gk}/P_{dk}(k=1, 2)$。用参数 ξ（其中，$0\leqslant\xi\leqslant1$）表示公共品消费的非竞争性程度（the Degree of Non - rivalry），ξ 越小，表明公共品消费的非竞争性程度越高。

当 $\xi=0$ 时非竞争性程度最高，公共品为纯公共品，每个城市居民公共品消费量等于该城市内地方政府公共品供给总量；当 $\xi=1$ 时非竞争性程度最低，公共品消费具有完全竞争性，相当于公共供给的私人品（A Publicly - Provided Private Good），每个城市地方政府公共品供给总量在该城市内所有居民平均分配（Albouy，2012）。中心城市和外围城市每个居民公共品消费量分别为：

$$s_1=\frac{\gamma(1-\tau)W_1N_1+\dfrac{\lambda\tau(W_1N_1+W_2N_2)N_1}{\lambda N_1+N_2}}{P_{d1}N_1^{\xi}}$$

$$s_2=\frac{\gamma(1-\tau)W_2N_2+\dfrac{\tau(W_1N_1+W_2N_2)N_2}{\lambda N_1+N_2}}{P_{d2}N_2^{\xi}} \tag{4-11}$$

（四）差异性制造品支出总额

一个城市对差异性制造品的总需求来源于两部分，其一为劳动工人的直接消费需求（$1-\gamma$）（$1-\tau$）W_kN_k，其二为地方政府公共品生产投入的间接需求 I_{gk}。结合式（4 - 10）可以求得，每个城市在差异性制造品上的支出总额 E_k^p 分别为：

$$E_1^p=(1-\tau)W_1N_1+\frac{\lambda\tau(W_1N_1+W_2N_2)N_1}{\lambda N_1+N_2}$$

$$E_2^p=(1-\tau)W_2N_2+\frac{\tau(W_1N_1+W_2N_2)N_2}{\lambda N_1+N_2} \tag{4-12}$$

五、均衡分析

（一）差异性制造品市场的供需均衡

式（4－8）表明两个城市内所有差异性制造品厂商在利润最大化时生产量相同，即差异性制造品厂商在城市间具有对称性，不失一般性地，以中心城市差异性制造品厂商为分析对象。由式（4－8）可知任意一类（将省略表示种类的下角标 i）差异性制造品的供给量为 $\alpha(\varepsilon-1)/\beta$，其市场需求可以根据需求来源城市分为两部分，其一为本地市场需求总和 C_{11}，其二为对外地即外围城市的贸易需求总和 C_{12}。差异性制造品在城市间贸易存在运输成本，用"冰山成本"的形式表示，到达销售地区外围城市的 1 单位差异性制造品需要生产地即中心城市运出 t 单位同样的差异性制造品，其中 $t>1$，$t-1$ 单位差异性制造品在运输过程中被消耗，即其所支付的运输成本，t 越大表明城市间差异性制造品的运输成本越高。中心城市的差异性制造品直接在本地消费，其市场销售价格等于出厂价格 p_1，如果运输到外围城市出售，根据"冰山成本"的含义，那么其市场的销售价格为 tp_1，由式（4－3）可求得：

$$C_{11}=\frac{p_1{}^{-\varepsilon}E_1^p}{P_{d1}^{1-\varepsilon}},\ C_{12}=\frac{(tp_1)^{-\varepsilon}E_2^p}{P_{d2}^{1-\varepsilon}} \tag{4-13}$$

根据式（4－5），两个城市差异性制造品组合的价格指数可以表示为：

$$P_{d1}=(n_1p_1^{1-\varepsilon}+n_2(tp_2)^{1-\varepsilon})^{\frac{1}{1-\varepsilon}}$$

$$P_{d2}=(n_1(tp_1)^{1-\varepsilon}+n_2p_2^{1-\varepsilon})^{\frac{1}{1-\varepsilon}} \tag{4-14}$$

任意一类差异性制造品市场达到均衡时，其厂商的供给量等于市场需求量，由此建立如下等式：

$$\frac{p_1^{-\varepsilon}E_1^p}{P_{d1}^{1-\varepsilon}}+\frac{t\,(tp_1)^{-\varepsilon}E_2^p}{P_{d2}^{1-\varepsilon}}=\frac{\alpha(\varepsilon-1)}{\beta} \tag{4-15}$$

将式（4-7）、式（4-9）、式（4-12）和式（4-14）代入式（4-15）整理得：

$$K_1K_3+K_2K_4=1 \tag{4-16}$$

其中，$K_1=\frac{q^{-\varepsilon}}{(fq^{1-\varepsilon}+(1-f)t^{1-\varepsilon})}$

$$K_2=\frac{t\,(tq)^{-\varepsilon}}{f\,(tq)^{1-\varepsilon}+1-f}$$

$$K_3=qf(1-\tau)+\frac{\lambda\,\tau f(qf+1-f)}{\lambda f+1-f}$$

$$K_4=(1-f)(1-\tau)+\frac{\tau(1-f)(qf+1-f)}{\lambda f+1-f}$$

其中，$q=W_1/W_2$ 表示两个城市每单位劳动的工资水平之比，根据式（4-7），q 也表示两个城市差异性制造品出厂价格之比，即 $q=p_1/p_2$。f 表示在整个经济体内中心城市人口规模（或差异性制造品厂商数量）的占比，$N_1=fN$，$N_2=(1-f)N$，因此 f 度量了整个经济体人口和生产的空间集中度。

（二）人口流动的空间均衡

根据基本假设，两个城市住房服务供给总量一定并且相等，中心城市和外围城市的住房服务总供给量用 H 表示。每个城市内的居民也即劳动工人具有同质性（即其收入和偏好相同），可知每个城市内居民的住房消费量相等，可求得中心城市和外围城市每个居民住房消费量 h_1 和 h_2 分别为 $h_1=H/N_1$ 和 $h_2=H/N_2$。中心城市和外围城市每个居民差异性制造品组合的支出总额分别

为$(1-\gamma)(1-\tau)W_1$和$(1-\gamma)(1-\tau)W_2$，代入式(4－4)求得中心城市和外围城市每个居民差异性制造品组合消费量d_1和d_2分别为：

$$d_1=\frac{(1-\tau)(1-\gamma)W_1}{P_{d1}},\ d_2=\frac{(1-\tau)(1-\gamma)W_2}{P_{d2}} \tag{4-17}$$

将式（4－11）、式（4－14）和式（4－17）代入式（4－1），可求得中心城市和外围城市劳动工人的效用水平分别为：

$$u_1=K_u\cdot\frac{q^{1-\gamma}f^{\omega(1-\xi)-\gamma}(q\gamma(1-\tau)(\lambda f+1-f)+\lambda\tau(qf+1-f))^{\omega}}{(fq^{1-\varepsilon}+(1-f)t^{1-\varepsilon})^{\frac{\omega+1-\gamma}{1-\varepsilon}}(\lambda f+1-f)^{\omega}}$$

$$u_2=K_u\cdot\frac{(1-f)^{\omega(1-\xi)-\gamma}(\gamma(1-\tau)(\lambda f+1-f)+\tau(qf+1-f))^{\omega}}{(f(tq)^{1-\varepsilon}+1-f)^{\frac{\omega+1-\gamma}{1-\varepsilon}}(\lambda f+1-f)^{\omega}} \tag{4-18}$$

其中，$K_u=\left(\frac{\varepsilon-1}{\beta\varepsilon(\alpha\varepsilon)^{\frac{1}{\varepsilon-1}}}\right)^{\omega+1-\gamma}((1-\tau)(1-\gamma))^{1-\gamma}H^{\gamma}N^{\omega(1-\xi)-\gamma-\frac{\omega+1-\gamma}{1-\varepsilon}}$

当两个城市都存在人口和生产时，劳动工人也即居民在两个城市之间的流动达到均衡，两个城市居民效用水平相等，即$u_1=u_2$；当生产和人口完全集中于中心城市时，劳动工人也即居民在两个城市之间的流动达到均衡，即$u_1>u_2$。中心城市与外围城市居民效用水平之比$v(=u_1/u_2)$为：

$$v=K_{v1}\cdot K_{v2}\cdot K_{v3} \tag{4-19}$$

其中，$K_{v1}=q^{1-\gamma}\left(\frac{f}{1-f}\right)^{\omega(1-\xi)-\gamma}$

$$K_{v2}=\left(\frac{f(tq)^{1-\varepsilon}+1-f}{fq^{1-\varepsilon}+(1-f)t^{1-\varepsilon}}\right)^{\frac{\omega+1-\gamma}{1-\varepsilon}}$$

$$K_{v3}=\left(\frac{q\gamma(1-\tau)(\lambda f+1-f)+\lambda\tau(qf+1-f)}{\gamma(1-\tau)(\lambda f+1-f)+\tau(qf+1-f)}\right)^{\omega}$$

人口流动达到均衡的条件为：

$$v=1,\ 0.5<f<1\ 或\ v>1,\ f=1 \tag{4-20}$$

当人口和生产完全聚集于一个城市时，财政收入也集中于一个城市，不存在偏向性财政支出问题，因此，下文的分析将集中于$v=1$，$0.5<f<1$的情

形。式（4－16）可知在$0.5 \leqslant f<1$区间内，由每个人口和生产的空间集中度f而求得唯一的城市间劳动工人工资水平之比q，再将其代入式（4－20）求出对应的两个城市居民效用水平之比v。依据人口流动达到均衡条件，判断整个经济系统达到均衡时，人口和生产的空间集中度f。

六、财政支出政策对中国城市规模的影响

当$\lambda=1$时，城市间人均财政支出相等；当$\lambda>1$时，中心城市人均财政支出大于外围城市人均财政支出，即存在偏向性财政政策，并且λ越大表明对中心城市的偏向程度越高。

（一）参数设定

式（4－16）和式（4－20）包含如下参数：①税率τ；②差异性制造品替代弹性ε；③运输成本t；④公共品消费的非竞争性程度ξ；⑤住房支出份额γ（即住房消费偏好系数）；⑥公共品的消费偏好系数ω。

（1）根据《新中国60年统计资料汇编》，1978～2008年，财政收入占国内生产总值比重的变化范围为0.103～0.311，将税率τ设定为0.2，用0.1和0.3进行敏感性分析。

（2）发达国家的差异性制造品替代弹性ε一般为4～8，而发展水平较低的中国可能为9（Song & Thisse，2012），将差异性制造品替代弹性ε设定为9，用4和12进行敏感性分析。

（3）差异性制造品的运输成本t。1992～1997年中国跨省交通运输成本的

取值范围为1.3～1.8（Poncet，2005），本章的城市可指省内的两个城市，将运输成本t设定为1.2，用1.05和1.8进行敏感性分析。

（4）公共品消费的非竞争性程度ξ。Albouy（2012）将ξ设定为1进行模拟，而Buettner和Holm－Hadulla（2013）认为现有估计值存在过高估计的问题，因此本章将其设定为0.95，用0.9和1进行敏感性分析。

（5）住房支出份额γ。Bosker等（2012）认为中国的住房支出份额取0.25具有国际可比性，而住房支出份额是本章的研究重点之一，因此将细致考察，其数值设定为三种情况：①较低住房支出份额，$\gamma=0.2$；②中等住房支出份额，$\gamma=0.25$；③较高住房支出份额，$\gamma=0.3$。

（6）公共品的消费偏好系数ω。Andersson和Forslid（2003）、Roos（2004）以及Riou（2006）的分析将其设定为1，而Wang和Zeng（2013）认为ω小于1，Lee和Choe（2012）认为ω的取值应该参照住房支出份额γ，分为大于、等于和小于γ三种情况。因此，下面将分析公共品的消费偏好对结果的影响，公共品的消费偏好系数分别取0.1、0.2（或0.25、0.3）、0.5和1。

（二）偏向性财政政策与大城市的形成

假定经济体总人口以及土地供给量一定，并且经济活动没有完全聚集（常见的空间分布情况），此时经济活动分布于两个城市，人口流动的空间均衡条件表示为：

$$K_{v1}\cdot K_{v2}\cdot K_{v3}=1 \tag{4-21}$$

联立式（4－16）和式（4－21）可求得均衡状态下，不同程度的偏向性财政政策λ所对应的人口和生产的空间集中度f。

如图4－1（b）所示，当$\gamma=0.25$时，如果两个城市人均财政支出相等，那么人口和生产的空间集中度$f=0.5$，即人口和生产在城市间均匀分布；如果采取偏向性财政政策，那么人口和生产的空间集中度f大于0.5，人口和生产向中心城市聚集，并且财政支出的偏向性程度越大，中心城市扩张程度越大。比较不同公共品的消费偏好系数的数值模拟结果发现，公共品的消费偏好系数越大，中心城市扩张程度越大。

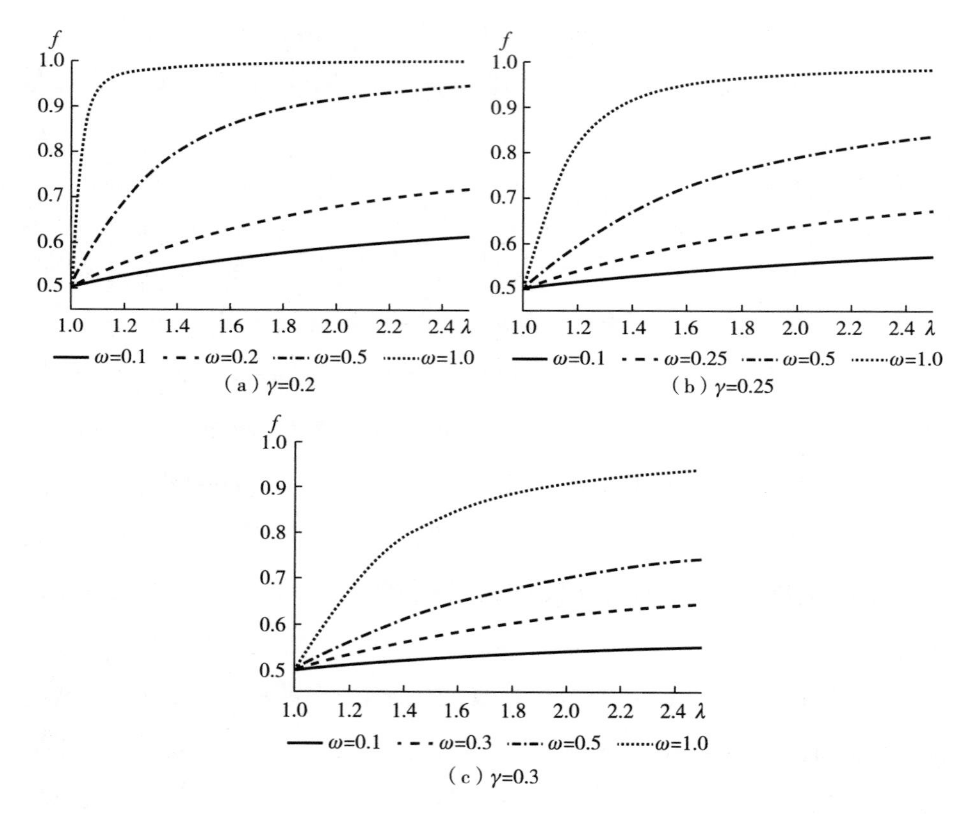

注：①横坐标为财政支出的偏向性程度λ，纵坐标为人口和生产的空间集中度f。λ越大，财政支出的偏向性程度越大；f越大，人口和生产的空间集中度越高。②其他参数取值为$\tau=0.2$，$\varepsilon=9$，$t=1.2$，$\xi=0.95$。

图4－1　财政支出的偏向性程度λ与人口和生产的空间集中度f的关系

这是因为，当公共品在城市间均匀分布时，经济体的聚集经济和聚集不经

济处于均衡状态，人口和生产均匀分布是一种稳定均衡，然而，偏向性财政支出政策将使公共品在城市间非均匀分布，增强中心城市的聚集经济。财政支出的偏向性程度越强，表明公共品的空间分布越不均匀，如果公共品的消费偏好系数越大，即公共品对居民越重要，那么偏向性财政政策对中心城市的聚集经济有更大的增强作用，人口和生产越集中于中心城市。

如图4-1（a）和4-1（c）所示，当$\gamma=0.2$或0.3时，上述结论仍然成立。比较不同住房支出份额的数值模拟结果，我们还发现，如果住房支出份额越小，那么偏向性财政政策对经济活动空间分布的影响越大。当$\gamma=0.2$、$\varepsilon=1$时，财政支出的偏向性程度超过某一临界值，人口和生产可能完全聚集于中心城市。

根据上述分析，可以得出如下结论：

结论1：偏向性财政支出使人口和生产在城市间非均匀分布，财政支出的偏向性程度越大，人口和生产的空间集中度越高，中心城市的扩张程度越大。如果住房支出份额越小，公共品的消费偏好系数越大，那么偏向性财政支出政策对经济活动空间分布的影响越大。

七、财政支出政策的福利分析

（一）偏向性财政政策对城市间名义工资差距的影响

由式（4-16）可知，人口和生产的空间集中度f与城市间劳动工人名义工资水平之比q为单调递增的函数关系，即如果人口和生产越集中于中心城市，那么中心城市工人的名义工资与外围城市工人的名义工资的差距越大。结论1表明，对中心城市的偏向性财政政策将使人口和生产向中心城市聚集。如图4－2所示，偏向性财政政策拉大了城市间的名义工资差距。

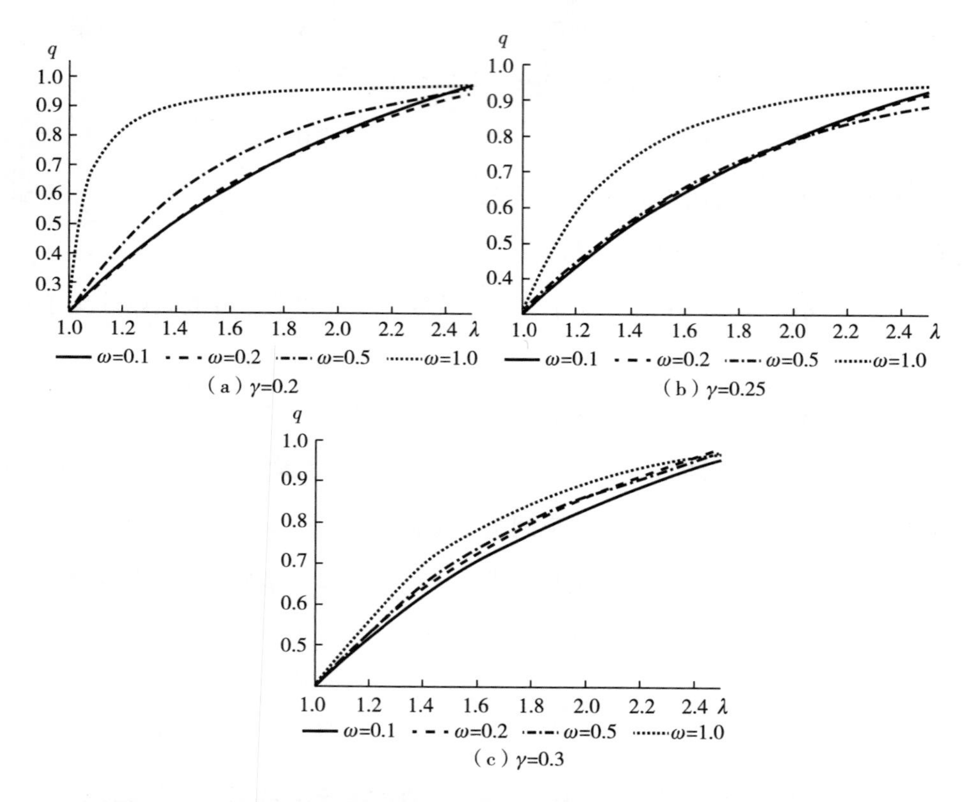

注：①横坐标为财政支出的偏向性程度λ，纵坐标为城市间名义工资比q。②λ越大，财政支出的偏向程度越高，图中曲线是表示城市间名义工资之比q的变化趋势。③参数ω和γ取不同值的名义工资比不具可比性。④其他参数取值为$\tau=0.2$，$\varepsilon=9$，$t=1.2$，$\xi=0.95$。

图4－2　财政支出的偏向程度λ与城市间名义工资比q的关系

根据上述分析，可以得出如下结论：

结论2：偏向性财政政策拉大了城市间的名义工资差距，偏向程度越高，城市间的名义收入差距越大。

（二）偏向性财政政策对居民福利的影响

下面进行福利分析，可以令 $K_u = 1$，K_u 包含参数 γ 和 ω，因此，这些参数取不同数值时的居民福利水平不具可比性。根据式（4－19）可求得，均衡状态下居民福利水平 u 为：

$$u = \frac{q^{1-\gamma} f^{\omega(1-\xi)-\gamma} (q\gamma(1-\tau)(\lambda f+1-f)+\lambda\tau(qf+1-f))^{\omega}}{(fq^{1-\varepsilon}+(1-f)t^{1-\varepsilon})^{\frac{\omega+1-\gamma}{1-\varepsilon}}(\lambda f+1-f)^{\omega}} \tag{4-22}$$

联立式（4－16）和式（4－21）可求得均衡状态下，人口和生产的空间集中度 f 以及城市间劳动工人工资水平之比 q，代入式（4－22）可求得居民福利水平 u（此时两个城市居民福利水平相等）。

如图 4－3（b）所示，当 $\gamma=\omega=0.25$ 时，居民福利水平 u 随财政支出的偏向性程度 λ 递减，这说明偏向性财政政策降低居民福利，并且财政支出的偏向性程度越高，居民福利水平越低。当公共品的消费偏好系数小于住房支出份额时，如 $\gamma=0.25$、$\omega=0.1$，偏向性财政政策仍然降低居民福利；当公共品的消费偏好系数大于住房支出份额时，如 $\gamma=0.25$，$\omega=0.5$，偏向性财政政策降低居民福利的结论仍然成立。

这是因为，偏向性财政政策使人口和生产聚集，中心城市每个居民住房消费量下降所产生的负面效应大于聚集所产生的正面效应。财政支出的偏向性程度越大，人口和生产的空间集中度越高，因此，居民福利随财政支出的偏向性程度递减。为了突出公共品对居民消费的重要性，公共品的消费偏好系数取极端值，如 $\omega=1$，上述结论仍然成立。

另外，住房支出份额取不同数值，以考虑居民对住房拥挤的重视程度，也可理解为居民对聚集不经济的重视程度对结论的影响。当住房支出份额取更高值，如 $\gamma=0.3$，如图 4－3（c）所示，上述结论仍然成立。当住房支出份额取更低值，如 $\gamma=0.2$，如图4－3（a）所示，大部分情况上述结论仍然成立，只有公共品的消费偏好系数取极端值，如 $\omega=1$ 时，结论才有所不同。

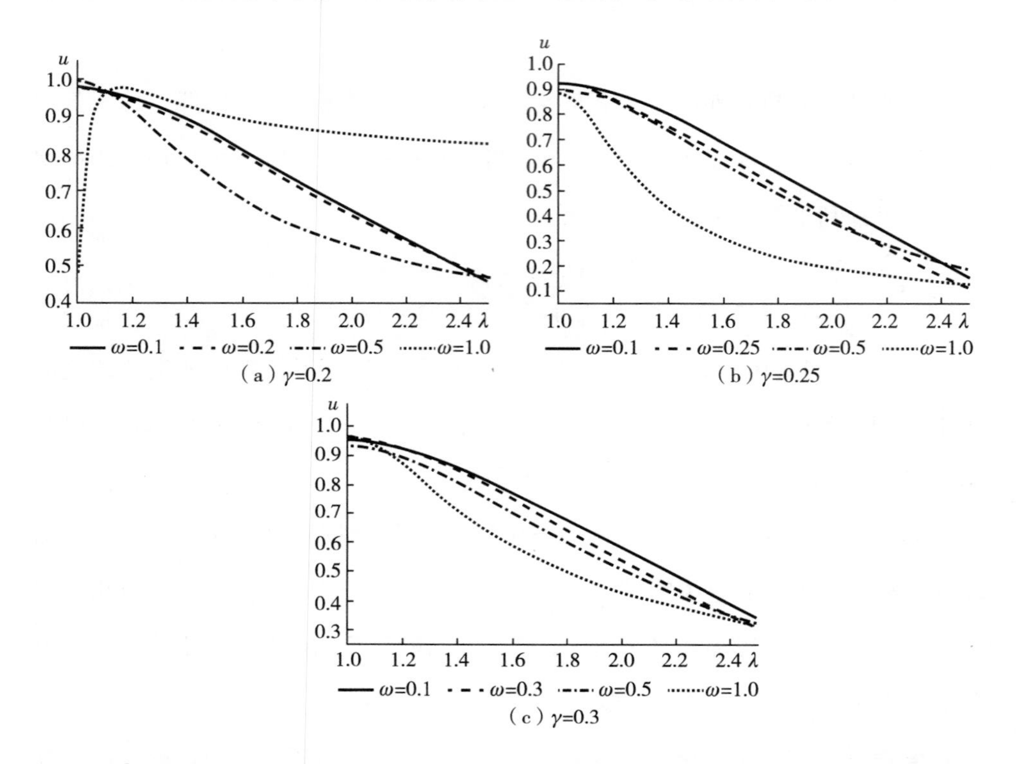

注：①横坐标为财政支出的偏向性程度 λ，纵坐标为居民福利 u。②λ 越大，财政支出的偏向性程度越大，图中曲线是表示居民福利水平 u 的变化趋势。③参数 ω 和 γ 取不同值的居民福利不具可比性。④其他参数取值为 $\tau=0.2$，$\varepsilon=9$，$t=1.2$，$\xi=0.95$。

图4－3　财政支出的偏向性程度 λ 与居民福利 u 的关系

当 $\gamma=0.2$、$\omega=1$ 时，居民福利水平的变化趋势为先上升后下降，也就是说，对中心城市有较小程度的偏向性可以提高居民福利，但是过高程度的偏向性会降低居民福利。这是因为，对中心城市有较小程度的偏向性，其扩张程度有限，中心城市每个居民住房消费量下降较少，并且中心城市能提供更多公共品，对居民消费非常重要，总体来看，住房拥挤产生的负面效应小于聚集经济

产生的正面效应。但是，如果偏向性程度进一步增大，那么中心城市出现过度扩张，住房拥挤产生的负面效应大于聚集经济产生的正面效应，居民福利水平下降。

根据上述分析，可以得出如下结论：

结论3：当住房支出份额较大时，偏向性财政政策降低居民福利。当住房支出份额较低并且公共品对居民消费非常重要时，较低程度的偏向性财政政策可能提高居民福利。

（三）敏感性分析

劳动工资税的税率 τ 决定政府可分配资源的大小，而政府可分配资源在不同年份和区域有所不同，为此 τ 取0.1和0.3进行敏感性分析。差异性制造品替代弹性 ε 表示垄断竞争厂商的市场力量，ε 越小，厂商的市场力量越大。厂商的规模经济越大。中国不同地区处于不同的发展阶段，厂商的市场竞争力存在差异，为此，ε 取4和12进行敏感性分析。每个地区运输成本与地貌和交通建设状况有关，地势平坦、交通网络发达的地区运输成本很低，t 可取1.05；反之，对于交通建设状况很差的山区，t 取1.8。不同类型公共品的非竞争性程度不同，ξ 取0.9和1分别进行敏感性分析。敏感性分析结果表明，结论1、结论2和结论3仍然成立。

本章小结

“分税制”改革以后，税收优惠和户籍制度等对企业和人口区位选择的约束能力越来越弱，公共品的地方供给成为一个影响国家或地区人口和经济活动空间分布的关键性因素。公共品的地方供给基本由地方政府的财政支出决定，在我国，城市财政级别越高，地方政府能够提供的公共品越多，财政支出存在偏向于大城市的倾向。本章基于新经济地理学框架，研究偏向性财政支出对我国人口和生产空间分布的影响，以及该政策的效率问题，得出如下结论：

第一，偏向性财政支出使人口和生产在城市间非均匀分布，财政支出的偏向性程度越大，人口和生产的空间集中度越高，中心城市的扩张程度越大。如果住房支出份额越小，公共品的消费偏好系数越大，那么偏向性财政支出政策对经济活动空间分布的影响越大。

第二，偏向性财政支出政策拉大城市间的名义工资差距。

第三，当住房支出份额较大时，偏向性财政政策降低居民福利。当住房支出份额较低并且公共品对居民消费非常重要时，较低程度的偏向性财政政策可能提高居民福利。

中国的大城市人口暴增引发房价过高、交通拥堵和空气污染等问题，我们的研究以住房拥挤来表示大城市的聚集不经济。当住房支出份额较高时，偏向性财政支出使人口在大城市聚集，聚集不经济的作用大于聚集经济，居民福利水平下降。住房支出份额的高低代表了居民对聚集不经济的重视程度，中国大城市居民住房压力非常大表明中国大城市居民已经非常重视聚集不经济，因此大城市的聚集不经济已经超过聚集经济，财政分配不应该偏向大城市，而应该加强城市管理体系改革，使各个城市财政支出均等化，以形成公共服务在空间上均匀分布的局面，有效防止大城市过度扩张。

第五章

轨道交通一体化与城镇空间协同

城市轨道交通供给大多数由地方政府承担，是城市财政支出的重要内容，对大城市发展意义重大。超大特大城市向都市圈演进主要体现为在1小时通勤圈内人口和产业资源的调整与重组，在一定空间范围内大中小城市和小城镇有机组合在一起，轨道交通网与都市圈产业和城镇空间高效协同，实现中心城市与都市圈经济实力双提升，为城市群建设提供具有可持续发展能力的核心增长极。在我国构建现代化都市圈的关键时期，要以深化改革为抓手、以机制创新为动力、以科学管理为手段、以网城协同为目标，在建设高质量都市圈轨道交通系统方面取得新突破。

轨道交通系统是一种大运量、快捷、安全、节能、舒适、低污染的客运方式，是适应现代化城市发展的骨干交通运输系统，是都市圈和城市群等城镇化空间形态综合交通运输体系的重要组成部分。特别地，建立集城市轨道交通和市域（郊）铁路等于一体的轨道交通网络，满足现代化都市圈范围内日益增长的通勤需求，是一项重大的民生工程，也是我国新型城镇化建设的重要内容。因此，建设和发展轨道交通是地方政府特别是城市政府的重要财政支出内容。一直以来，我国现代化都市圈轨道交通一体化发展面临跨域治理、多种交通方式融合、枢纽一体化布局和站点土地综合开发等难题，存在较大的优化创新发展空间。本章从客运轨道交通和城镇空间形态的内涵和演变出发，基于现代化都市圈轨道交通一体化发展的基本理论，借鉴国外代表性都市圈轨道交通发展经验，结合我国都市圈轨道交通的发展历程和特点，勾勒我国现代化都市圈轨道交通一体化发展的目标，分析我国都市圈轨道交通一体化发展存在的主要问题及形成原因，提出促进一体化发展的对策。

一、客运轨道交通与城镇空间形态

（一）客运轨道交通

轨道交通的概念按范围有广义和狭义之分。广义的概念是运载人和物的车辆在“特定”的轨道上行走，来完成客货流位移服务的陆上运输方式。广义概念囊括了所有以轨道为支撑、传递荷载和导向作用的运输方式。整体而言，我国轨道交通有铁路和城市轨道交通。1825 年，世界第一条铁路——英格兰的史托顿与达灵顿铁路开通；世界第一条地铁建于1863年，为英国伦敦大都会地铁；在地铁之前还有有轨马车和有轨电车。1881年，清朝政府批准修建唐山至胥各庄的铁路，成为中国实际意义上的第一条铁路[①]。中华人民共和国成立后不久，我国开始北京地下铁道规划和筹备等相关研究论证工作，1965年7月1日，北京地下铁道一期工程正式举行开工典礼，1969年10月基本建成通车，1981年通过专家鉴定，地铁一期工程经国家批准正式验收，投入运营[②]。

20世纪90年代开始，为了释放铁路货运能力，我国铁路系统进行了多次提速[③]，随后开始探索建设客运专线。2004年国务院批准《中长期铁路网规划》，规划建设“四纵四横”客运专线，以及环渤海、长三角和珠三角三个城际客运系统。2003年10月，秦沈客运专线建成并投入使用，拉开了我国铁路系统客货分离的序幕。2008年版《中长期铁路网规划》除对“四纵四横”客运专线调整外，还提出在环渤海、长三角、珠三角、长株潭、成渝以及中原城市群、武汉城市圈、关中城镇群、海峡西岸城镇群等经济发达和人口稠密地区建设城际客运系统。2008年8月，京津城际铁路开通运营，为我国第一个开通运营的城际客运系统，也开启了我国高速铁路建设新时代。全国范围的高速铁路快速发展，使客运轨道系统出现分化，一是大面积的基于干线通道的高铁铁路建设，二是部分重要城市间的城际客运系统发展相对缓慢，两者功能和作用的区别受到重视。2016年版《中长期铁路网规划》提出，在“四纵四横”

---

① 1876年7月，上海英商怡和洋行利用欺骗手段非法修建了从吴淞到上海的铁路，这是中国历史上第一条办理营业的铁路，但于1877年被清政府拆毁。

② 高俊良．中国第一条地铁建设始末［J］．百年潮，2008（6）．

③ 1997～2007年六次铁路大提速分别为：第一次，1997年4月，京广线、京沪线和京哈线；第二次，1998年10月，京广线、京沪线和京哈线；第三次，2000年10月，陇海线、兰新线、京九线和浙赣线；第四次，2001年11月，武昌至成都（汗丹线、襄渝线和达成线）、京广线南段、京九线、浙赣线、沪杭线和哈大线；第五次，2004年4月，京沪线和京哈线；第六次，2007年4月，京哈线、京广线、京沪线、京九线、陇海线、浙赣线、兰新线、广深线、胶济线、武九线以及宣杭线。

高速铁路的基础上，打造“八纵八横”主通道为骨架、区域连接线衔接、城际铁路补充的高速铁路网，主通道规划新增项目原则上采用时速 250 公里及以上标准①，区域铁路连接线原则上采用时速 250 公里及以下标准，城际铁路原则上采用时速 200 公里及以下标准。

铁路技术运用于中长距离旅客运输的同时，在城市内部或与周边地区之间客运方面也进展迅速，形成独立的天地——城市轨道交通系统。根据建设部 2007 年发布的《城市公共交通分类标准》，城市轨道交通包括地铁系统、轻轨系统、单轨系统、有轨电车、磁浮系统、自动导向轨道系统（或称为自动旅客捷运系统，APM）和市域快速轨道系统。上述城市轨道交通制式的出现大多与铁路技术有关，如 1962 年美国《交通季刊》首次出现“轻轨”这个概念，而世界上最早的高架铁路出现在 1836 ~ 1838 年的英国，但是其属于普通的客货混用铁路，而 1878 年纽约建成通车的纽约第三大道高架铁路才是真正意义上的老式轻轨。

除干线铁路、城际铁路和城市轨道交通，在客运轨道交通系统中还有近些年讨论较多的市域铁路、市郊铁路。在国外，一般称之为郊区铁路（Suburban Railway 或 Suburban Rail）、通勤铁路（Commuter Rail）。2012 年 7 月，国务院印发的《“十二五”综合交通运输体系规划》（国发〔2012〕18 号）提出，鼓励有条件的大城市发展市郊铁路，以解决中心城区与郊区、卫星城镇、郊区与郊区、城市带及城市圈内大运量城市交通需求问题。2017 年 2 月，国务院关于印发《“十三五”现代综合交通运输体系发展规划的通知》（国发〔2017〕11 号）提出，加快建设大城市市域（郊）铁路，有效衔接大中小城市、新城新区和城镇。2017 年 6 月，国家发展和改革委员会等五部委联合印发《关于

① 地形、地质及气候条件复杂困难地区可以适当降低，而沿线人口城镇稠密、经济比较发达，贯通特大城市的铁路可采用时速 350 公里标准。

促进市域（郊）铁路发展的指导意见》（发改基础〔2017〕1173 号），将市域（郊）铁路定义为城市中心城区连接周边城镇组团及其城镇组团之间的通勤化、快速度、大运量的轨道交通系统。

从不同客运轨道交通的功能定位来看，城市轨道交通以服务于中心城区内部客流为主，市域（郊）铁路主要连接城市与郊区、中心城市与卫星城、重点城镇间，而城市群内中心城市之间以及与周边城市之间联通依靠城际铁路，全国更大范围内客流由干线铁路承担，包括普速铁路和客运专线。在理论上，干线铁路、城际铁路、市域（郊）铁路和城市轨道交通等四种轨道交通具有类似的技术特征，但是由于功能定位不同，实践落地项目的技术要求往往不同。与此同时，由于城际铁路与干线铁路、市域（郊）铁路与城市轨道交通、城际铁路和市域（郊）铁路的功能定位存在模糊空间，而这种功能定位的模糊与城镇空间划分不清有很大关系。

（二）城镇空间形态

城镇空间形态有城市、都市圈和城市群，这三者既有联系又有区别。从空间尺度来讲，城市群大于都市圈，都市圈大于城市。城市空间可以分为中心城区和郊区，随着城市人口、经济和空间规模扩大，中心城区与郊区空间距离在缩小，并且两者的人口和经济密度差距也在变小，根据与中心城区空间距离的不同，郊区分为远郊区和近郊区。在大城市和特大城市，郊区与中心城区之间的空间距离、人口和经济密度差距突破一定界限，郊区与中心城区之间有显著的职住分离现象，那么就演变为都市圈。很明显，并不是所有城市都会演化为都市圈，都市圈的产生主要是因为大城市和特大城市的出现，使原有的城镇空间关系发生了质的变化，较大比例居住在远郊的人口选择在中心城区上班，但是这部分人的日常生活与中心城区之间的联系却不那么紧密，他们的子女上学、日常购物和休闲娱乐与中心城区相对独立。

职住分离人群的出现是大城市或特大城市向都市圈演变的重要标志，因此在城市演变为都市圈过程中，有两个关键性概念——职住分离和通勤。职住分离的出现是因为生产活动的聚集提高了生产效率，也就是我们常说的聚集经济，但是由于中心城区土地资源有限，人们不得不用通勤时间来换取居住空间，即花更多时间和金钱在上下班的路上（即通勤行为），而求得在离中心城区远一些的地方有更宽敞更好的住房，这就是城市经济学模式中通勤成本与住房成本的权衡关系。当然，居住人口向外迁移过程中，也有很大部分的工作岗位在外迁，那些需要更大生产空间的企业会选择土地资源相对富裕的郊区作为工作地点。不难发现，住房成本与居住地点高度相关，选择在更远地方居住的人，支付相对较低的住房成本，但是不得不忍受通勤之苦。对企业也是如此，在郊区工作而又要与中心城区保持密切的业务联系。整体来看，随着城市规模扩大，城市的通勤成本和住房成本都在上升，这是聚集不经济的重要表现。同时，通勤成本和住房成本上升还会引起其他问题，如居民幸福感和安全感下降、出现社会和经济排斥、人际交往的信任匮乏和青年人结婚更困难等，这些内容也被纳入聚集不经济的范畴。城镇空间形态的演变过程和结果，往往由聚集经济和聚集不经济这两种力量决定。基于职住分离和通勤之间的上述密切关系，往往用通勤时间或距离来衡量职住分离。一般而言，随着通勤时间的增加，职住分离程度不断加重。都市圈的界定大多选取其中一个进行度量，并且使用通勤人口比例较为常见。

都市圈空间范围大于城市，都市圈由大城市或特大城市进行空间形态的演变而来，那么比都市圈空间范围更大的城市群，是不是又是由都市圈演化而来的？实际情况并非完全如此，但是都市圈与城市群有很强的关联。城市群与都市圈是两种不同的城镇空间形态，城市群内的城市之间的联系更多的是商务、旅游和休闲等关系，而不是通勤关系，就算有部分通勤人口的存在，也不是主

流。中心城区与外围地区之间有很高比例的通勤人口，外围地区与中心城区的通勤人口所占比例达到阈值才能纳入都市圈。在交通条件不发达的时代，相邻城市只有商务、旅游和休闲等非通勤联系，时间和精力上都难以达到通勤的要求，此时两地是城际关系，多个城市以非通勤联系为主而有较小或没有通勤联系，由此组成的城市集合体即为城市群。然而，随着交通条件的改变，部分城市之间开始出现较大比例的通勤人口，此情况的出现主要是因为大城市或特大城市的出现，其与相邻地区的关系发生了变化，当两地的通勤人口比例上升到设定的阈值时，城市群内部开始形成都市圈。由此可见，城市群内部原有的两个城市可以演变成为一个都市圈。

城市群内部有的两个城市演变成为一个都市圈，这其中的关键是较大比例通勤人口的出现，即有较为显著的职住分离现象。为什么这些人会选择职住分离呢？同样也是聚集经济和聚集不经济两个力量的博弈。发展机遇的不同使原本两个类似的城市出现分化，或两个原来就有差距的城市之间的差距更大，获得更好发展机遇的城市吸引更多的产业和人口，城市规模持续扩张，而另一个城市发展则相对缓慢。在拥有更好发展机遇的城市，由于产业和人口集中产生聚集经济，使其工资更高、发展机会更多，进一步吸引产业和人口。另一个发展相对缓慢的城市，产业和人口或减少或增多，但是增长的速度不如机遇好的城市。正如前文所言，机遇好的城市规模扩张也产生了聚集不经济，突出表现为居住成本上升，部分工人不得不选择在机遇不好的城市安家，但是在机遇好的城市就业，即出现了职住分离，这是机遇好的城市向机遇不好的城市进行非充分外溢。因此，城市群内部部分地区演变为都市圈也是聚集经济和聚集不经济共同作用的结果。

当然，相反的情况也可能出现，即都市圈内的外围地区也可以演变为更加独立的城市，使原有的都市圈中心与外围关系变为城市群的城际联系。中心城区居住成本的上升主要是因为有限的空间土地资源稀缺，高昂的土地成本抬高的房价，同时，土地成本上升也会侵蚀企业的利润，那么企业也面临权衡选择问题，是继续待在中心城区享有聚集经济带来的收益，还是选择到外围地区建新厂而规避高昂的土地成本呢？不同的企业有自己的收益和成本曲线，也会做出不同的选择。部分制造企业用地成本高，而由于生产技术成熟所拥有的聚集经济收益相对较小，整体来看，待在中心城区的成本大于收益而选择外迁，原来发展相对缓慢的外围地区有了新的发展机遇。企业外迁之后使部分工人不再职住分离，而外迁之后的企业与中心城区仍然有较强的业务联系。随着越来越多的企业选择外迁，外围地区的产业功能不断强化，中心城市与外围地区的人口往来关系发生了变化，商务往来人口所占比例在上升，而通勤人口所占比例在下降。外围地区受到了中心城区的充分外溢之后，人口和产业的吸引力不断扩大，其城市规模扩大功能也越来越完善，其发展的独立性也在不断增强，那么与原来的中心城区的关系演变为城际关系，这个演变过程也是聚集经济与聚集不经济两种力量相互作用的结果。

二、现代化都市圈范围内的网城协同演变

如果将上述两个方面进行综合分析不难发现，超大特大城市向都市圈演进主要体现为在1小时通勤圈内人口和产业资源的调整与重组，轨道交通网与都市圈产业和城镇空间高效协同，实现中心城市与都市圈经济实力双提升。

（一）都市圈构建人口、产业协作新体系

聚集经济向心力与聚集不经济离心力共同决定城镇空间形态的演进方向

与速度，聚集经济体现为中心城市生产活动集聚提高生产效率，中心城市有限土地资源推高住房成本和企业场地租金，成本上升侵蚀企业利润表现为聚集不经济。为了缓解聚集不经济，人口和企业向周边城镇迁移，而中心城市由于人口和产业外迁，可以腾出更多空间来发展研发和金融等高附加值产业。随着外围城镇体系完善，外围城镇内部也将建立密切联系，而中心城市人口和产业向外迁移是都市圈发展的逻辑起点，其渠道一旦受阻，中心城市就会出现经济密度和质量向上攀升困难的问题，同时对外围城镇辐射带动作用受限。

（二）基于轨道交通网络打造1小时通勤圈

中心城市向外围城镇辐射人口和产业，使超大特大城市居民的职住和产业空间范围进一步扩大，中心与外围和外围内部空间隔阂需要通过交通来消除和缓解。根据国内外发展经验，职住分离对居民幸福感有显著负面影响，单程通勤时间控制在1小时以内为宜，出行通勤化是缓解职住分离负面效应的重要手段。同时，出行通勤化是都市圈产业同城化发展的客观需要，产业集群各个企业和企业不同环节位于都市圈不同城镇空间，但是同城化效应使业务高效聚合，如同分布在同一个城市。轨道交通在供给通勤化出行服务方面具有优势，这是因为随到随走和快进快出节省通勤时间，准时固定出行流程提高时间运用效率，“公交化”票价降低居民出行经济负担，舒适的出行体验减轻精神压力，绿色清洁的用能方式减少环境污染。

（三）轨道交通供给模式与都市圈空间形态

在高峰时段，以地铁为主的城市轨道有效辐射半径受限，中心城区与外围城镇间快速轨道交通必不可少，如纽约的通勤铁路、巴黎的区域快铁和远郊铁路、东京的私铁和 JR 线等，我国称之为市域（郊）铁路①。从网城协同视角看，人口和产业稠密程度和空间形态不同，都市圈通勤需求规模和分布有显著差异，中心城区与外围城镇间轨道交通连接方式需与之匹配，由此形成不同模式的都市圈轨道交通系统。

1. 高度稠密型都市圈打造内慢外快式轨道交通系统

在高度稠密型都市圈，中心城市和外围城镇均表现出很强的人口和产业承载能力，中心与外围以及外围内部都有密切联系。基于全域旺盛通勤客流需求、人口和产业沿通道密集分布、通道资源集约利用等考虑，中心与外围间采取快慢线并行的方式建立轨道交通网，使其在高峰时段具备开快车的能力，压缩外围通勤时间来弥补中心通勤时间过长的缺陷。东京都市圈是此类供给模式的典型代表，1.36 万平方公里（包括东京都和埼玉县、千叶县与神奈川县）的土地聚集了 3631 万人（2017 年），中心与外围间轨道交通主要有私铁和 JR 线，两者进入中心城区后大多需要换乘开行相对较慢的地铁，私铁和 JR 线根据客流特征设置了多股轨道，利用甩站等方式开行快车。

2. 低密度职住分离型都市圈打造内快外慢式轨道交通系统

在人口和产业稠密程度相对较低的都市圈，虽然中心城市人口和产业同样高度聚集，但是外围城镇人口和产业分布相对分散且密度较低，中心与外围之间仍然存在较为明显的职住分离现象，两地间通勤需求量较高，属于低密度职住分离型都市圈。同时，外围城镇人口和产业沿通勤走廊密集分布，都市圈外

① 《关于促进市域（郊）铁路发展的指导意见》（发改基础〔2017〕1173 号）指出，市域（郊）铁路是城市中心城区连接周边城镇组团及其城镇组团之间的通勤化、快速度、大运量的轨道交通系统。

围城镇通勤需求极为分散，制约了外围轨道交通在通勤时段的开行速度，需要通过中心城区开快车的方式来缩短全流程通勤时间。由于外围城镇规模远不如高度稠密型都市圈，客流量难以大面积支撑多股轨道同步运营。以巴黎都市圈为例，1.2 万平方公里（指大巴黎地区）的土地承载了 1142 万人（2016 年），其区域快线和远郊铁路主要承担都市圈中心与外围间通勤功能，区域快线大多直接贯穿中心城区，并且在市区站间距大于郊区，远郊铁路在市区设站较少或不设站，部分路段采取双层列车的方式扩大容量，构建了内快外慢式轨道交通系统。

3. 低密度职住平衡型都市圈打造多网拼接式轨道交通系统

在人口和产业稠密程度相对较低的都市圈，如果中心城市与外围城镇间实现了较大程度的职住平衡，外围城镇人口和产业分布分散但组团式发展，中心与外围间通勤需求相对较少，都市圈通勤需要主要集中在中心城市和外围城镇组团内部，属于低密度职住平衡型都市圈。外围城镇土地资源较为丰富，公路交通拥挤程度相对较低，汽车是主要通勤工具，轨道交通仅是外围城镇通勤交通的补充，并且与中心城市内部轨道交通相对独立，通过有限站点与中心城区轨道交通系统便捷换乘。外围城镇轨道交通站间距相对较大，行车速度相对较快，主要服务区域内部通勤需求。以纽约都市圈为例，2.5 万平方公里（包括纽约市 5 区及其周边 26 个县）承载了 2120 万人（2000 年），纽约市周边地区形成较为独立的三大通勤铁路系统，其中长岛和新泽西通勤铁路接入宾州车站，大都会北方铁路接入大中央车站，换乘站都位于中心城区（纽约市的曼哈顿区）。

总之，日本与欧美各国形成了不同类型都市圈，各自构建了与之相适应的轨道交通系统。我国大部分具有都市圈发展潜力的城市人口规模大且密集分布，部分超大特大城市的市域人口规模和密度已经超过欧美国家成熟型都市圈，有向高度稠密型都市圈发展的趋势。同时，部分外围城镇受行政区划、产业基础和历史机遇等因素驱使，出现分散组团式发展，不同都市圈或同一都市圈不同区块的稠密程度和空间形态将有差异。因此，我国都市圈轨道交通系统建设要坚持“网城协同、因地制宜”的发展理念。

三、都市圈轨道交通一体化发展的理论基础

基于轨道交通在现代化都市圈发展的重要性，以及在都市圈范围内存在多层多制式的轨道交通系统，需要研究都市圈轨道交通一体化发展的基本内涵，一体化发展所需要的基本条件，寻找一体化发展的主要影响因素。

（一）都市圈轨道交通一体化的基本内涵

都市圈轨道交通一体化是以满足都市圈内通勤出行需求，推动城市轨道交通与市域（郊）铁路的网络布局一体化、场站设计一体化、运营管理服务一体化，打造一体化都市圈轨道交通服务体系，并将一体化都市圈轨道交通服务体系与都市圈对外交通通道有效衔接。

（二）都市圈轨道交通一体化发展的基本条件

随着经济和社会的快速发展，人们的时间价值越来越高，对交通运输的要求也越来越高，舒适、快捷、经济、安全、准时已成为都市圈通勤出行的基本要求。都市圈轨道交通一体化发展有技术和体制机制等供给侧条件和以市场需

求为代表的需求侧条件，以及综合考虑供需两侧的经济性条件。市场需求条件包括都市圈轨道交通一体化服务体系的构建符合旅客出行的要求，与市场需求相一致；都市圈轨道交通走向与客源走向契合，客源走向需要结合城市交通规划研究确定。技术条件是指都市圈轨道交通主要服务于通勤需求，设计速度目标值要服务于通勤旅行时间，一般情况下旅行时间控制在1小时以内。轨道交通一体化的重点是乘客的便捷换乘，其中，综合客运枢纽一体化设计是便捷换乘的关键。体制机制条件为对轨道交通线网中的部分线路走向和车站设置进行优化调整，实现多种轨道交通的无缝衔接，方便旅客换乘，提供一体化通勤服务；消除现存体制、运营管理等方面的障碍，打破条块分割的局面，设置一体化运营管理机构。经济性条件为轨道交通是一种大运量的客运产品，从需求上来讲必须有大量客运需求，与此同时，提供公交化、高频率、准时、便捷的服务以吸引通勤客源，只有综合供需两者因素才可能将都市圈轨道交通一体化发展的经济性空间发挥到最大。

（三）都市圈轨道交通一体化发展的主要影响因素

影响都市圈轨道交通一体化发展的因素很多，归结起来，在规划、设计、建设和运营阶段主要有：都市圈行政管理体制、都市圈的规模和城市空间结构、发展规划（城市、产业、土地和交通等）、现有公共交通状况、现有轨道交通网络条件、技术标准条件、建设时序、运营管理机构设置、开行方案及运行图、列车运行和车站组织等方面（贺东，2007）。在不同阶段，主要影响因素有所差异：规划阶段主要影响因素有都市圈行政管理体制、都市圈的规模和城市空间结构、发展规划（城市、产业、土地和交通等）、现有公共交通状况、现有轨道交通网络条件；设计和建设阶段主要影响因素有线路和车站设计标准、投资和建设主体、建设时序；运营管理阶段主要影响因素有运营管理机构设置、开行方案及运行图、列车运行和车站组织等方面。

四、国际典型都市圈轨道交通一体化发展经验总结

（一）都市圈线网和站点规划与人口和产业空间分布匹配

都市圈经济发展需要轨道交通的支撑，轨道交通网对城市用地开发同样也有引导作用，都市圈轨道交通网络和站点布局需要与都市圈空间开发和城市发展匹配，还需要考虑未来的空间发展，做好线路和站点预留工作。

（二）根据都市圈客运市场需求分层次构建轨道交通系统

都市圈轨道交通包括地铁、轨道快线、轻轨和市郊铁路线等，各种轨道方式运行速度、服务范围等都有差异，需要根据都市圈客运市场需求，对各种轨道方式进行整合，选择不同的比例。东京、巴黎、首尔等城市市郊铁路先于地铁出现和发展，线路长度占比均较高。

（三）选择与客运市场需求变化相结合的运营组织模式

与沿线站点的客流时空分布充分结合，在客流量大的时间段如早晚高峰缩小列车间隔，在非高峰期可以适当延长发车间隔，并且根据客流的实际分布采用站站停、跨站停和直达相结合的开行方式，以满足旅客的不同需求。特别

地，市区、近郊和远郊通勤客流特征存在差异，运营组织模式有所不同。

（四）通过便捷的换乘模式将多种轨道有机结合

在规划时，不仅需要使各种轨道交通之间具有方便的衔接和换乘条件，还必须考虑具备与公交车、出租车等其他交通方式具有方便换乘的条件，换乘服务水平直接决定都市圈轨道交通运输服务的效率。与此同时，需要保证都市圈轨道交通与其他交通方式之间方便快捷的换乘，提高其服务质量与吸引力。

（五）重视硬件和软件的一体化建设提高服务品质

城市轨道交通的服务系统主要由车站、列车等设施“硬”服务，线路运营组织、工作人员和乘客的“软”服务两部分组成。采用舒适车辆营造良好出行环境，优化服务流程，提供安全、舒适、准时、高效、便捷的客运服务。

五、我国都市圈轨道交通的发展现状及主要问题

梳理我国都市圈轨道交通的发展历程及各个阶段的特点，描述现阶段的基本状况，勾勒出我国都市圈轨道交通一体化发展的目标。

（一）我国城市轨道交通的发展历程及特征

我国的城市轨道交通经历了 50 多年的发展历程，大致包括以下几个阶段：

1965～1997年为起步阶段，北京、天津、上海和广州4个城市出现地铁。其中，1965～1976年建设了北京地铁1号线一期工程，随后有天津1号线、北京2号线、上海1号线、广州1号线，之后我国的城市轨道交通建设一直处于停滞状态。1998～2004年为兴起阶段，拥有地铁的城市扩围到10个。除了北京、上海、广州、天津继续展开城市轨道交通建设外，国家还先后审批了深圳、武汉、南京、长春、重庆、大连6座比较重要的一线城市的地铁或轻轨的建设项目，这一阶段的建设速度大大超过前30年。2005年以后，我国城市轨道进入快速发展阶段。与城镇化发展相一致，大城市规模扩张和人口膨胀，城市轨道交通建设需要越来越大。

（二）我国都市圈轨道交通的发展现状

2019年，我国内地（不含香港、澳门和台湾地区）新增城市轨道交通运营线路长度968.77公里，再创历史新高，其中新增地铁、现代有轨电车和市域快轨运营线路里程分别为823.73公里、76.93公里和59.11公里。全国内地城市轨道交通开通运营总长度6730.27公里，完成“十三五”规划目标的112.2%，其中，地铁5187.02公里，所占比重为77.07%。全国开通城市轨道交通并投入运营的城市38个，拥有两种以上制式投产运营的城市为17个，分别是北京、上海、广州、深圳、重庆、天津、武汉、南京、大连、成都、沈阳、长沙、长春、苏州、郑州、青岛和宁波。

与城市轨道形成鲜明对比的是，市域（郊）铁路起步晚、发展慢。据不完全统计，截至2019年底，我国内地（不包括香港、澳门和台湾，下同）有成都、北京、上海、南京和广州等城市新建了7条市域（郊）铁路（部分项目为市域快线，被纳入城市轨道系统），另外至少有11个利用既有铁路开行市郊列车或是改造既有铁路资源为市域（郊）铁路的项目投入运营，涉及北京、

上海、天津、浙江、广东、海南等地的10个城市。最近投入运营的新建项目为2019年12月20日广州市开通的21号线，利用既有铁路开通市域列车的最新项目为海口市环岛高铁——海口至美兰机场市域列车。

北京市郊铁路S2线连接北京中心区与延庆卫星城，全长82公里，由国铁京包线、地方铁路康延线改造而成，2008年8月6日开通运营。线路始于北京西城区北京北站，经海淀区、昌平区，终于延庆县延庆站，是北京市第一条真正意义上的市郊铁路。线路运行时速120公里/小时，全线设站14个，平均站间距5.9公里，全程运行时间1小时20分左右。

上海金山铁路连接上海中心区与金山卫星城，全长56.4公里，由原国铁金山支线改造而成，于2012年9月28日开通运营，自上海南站至金山卫站，全长56公里，将上海徐汇、闵行、松江、金山4个区串成一线，设8个办客站。全线按国铁I级铁路、双线电气化干线设计，设计时速最高为160公里/小时，部分路段设计时速最高为100公里/小时，全线设站9个，平均站间距6.3公里，全程运行时间34分钟左右。

成都市域铁路成灌线及离堆支线、彭州支线（以下称成灌线系统）连接成都中心区与市区西部的郫县、彭州、都江堰三个卫星城，主线全长67公里，设站12个；离堆支线全长6公里，设站3个；彭州支线全长20公里，设站6个。成都至郫县西最高运营速度120公里/小时，郫县西至青城山段最高运营速度200公里/小时，离堆支线最高运营速度80公里/小时，郫县至彭州段最高运营速度200公里/小时。

总体来看，我国城市轨道特别是地铁发展较快，但是与近郊或远郊相连的城域（郊）铁路发展滞后。另外，在干线铁路方面，截至2019年底，全国铁路营业里程13.9万公里以上，其中高速铁路营业里程达到3.5万公里；在城际铁路方面，国家发展改革委批复且正在实施城际铁路网规划16个，在2020年底前实施的城际铁路项目92个。当然，城际铁路项目部分承担干线铁路功能，或是改为干线铁路的组成部分，部分项目则以市域（郊）铁路和城市轨道交通方式推进，因此，四种轨道交通统计有重叠。

（三）我国都市圈轨道交通一体化发展面临的主要问题

本小节从一体化规划、投融资模式、运营管理方式、线路网络衔接、枢纽结点布局和站点土地综合开发等角度来分析我国都市圈轨道交通一体化所存在的主要问题，并基于体制机制背景等方面挖掘其中的深层次原因。

1. 我国都市圈轨道交通的一体化规划不合理

目前，我国都市圈轨道交通发展重点放在中心城区，而外围郊区以及交通通道性轨道交通发展不足。每天燕郊往来北京的通勤人口多达30万，虽然其和北京昌平、顺义与和北京中心区距离相当，但是由于跨行政区域，连接燕郊与北京中心区的轨道交通一直难以实现，而昌平和顺义已经开通地铁，目前燕郊仅有动车，尚无支撑通勤功能的轨道交通。城域（郊）铁路，特别是跨行政区域的远郊铁路客运服务供给严重不足，已经成为我国都市圈轨道交通的短板，严重制约我国都市圈轨道交通一体化。一方面，我国中心城区交通压力过大，而外围郊区和卫星城市交通发展严重不足，都市圈轨道交通发展不平衡问题突出，地铁、轻轨和其他城市轨道交通比例结构有待进一步优化。另一方面，我国城市轨道交通中地铁占比过高，主要是因为其他轨道交通建设滞后。2016年，全国在大陆城市轨道交通中地铁占比76.3%，其中北京为88.1%，上海为86.1%，广州为95.7%，深圳为100%。其他轨道交通建设滞后，导致地铁线路太长，投资大、客流小，如一条地铁线长达五六十公里，延伸至郊区，往往出现资源浪费。

2. 我国都市圈轨道交通建设资金来源单一

随着征地成本和建设成本上升，轨道交通的造价越来越高。2000 年左右开通运营的北京地铁“复八线”长 13.5 公里，造价 5.6 亿元/公里，上海 2 号线 19 公里投资 114 亿元，造价 6 亿元/公里。2012 年批复的北京地铁 8 号线三期长 16 公里，估算投资 144 亿元，造价 9 亿元/公里；北京地铁 16 号线长 36 公里，估算投资 366 亿元，造价达到 10.2 亿元/公里。约 10 年时间，北京、上海等千万级人口的特大城市地铁造价增加了约 70%（李连成，2014）。另外，为了鼓励公共通勤，城市居民方便使用轨道交通，其在定价上体现了一定程度的公益性，因此，轨道交通项目财务可持续性较差。目前，我国轨道交通建设资金大多来源于财政，运营也要靠财政进行补贴，都市圈轨道交通向外扩展到一定程度，将会跨越行政区域，建设资金和运营补贴尚无明确规定，这也是我国跨行政区轨道交通供给不足的一个重要原因。根据《关于加强城市快速轨道交通建设管理的通知》（国办发〔2018〕52 号）要求，我国将有更多城市符合表 5－1 中的条件，并要求对符合申报条件的建设规划，认真审核规划建设规模及项目资金筹措方案，确保建设规模同地方财力相匹配。随着造价上升和轨道交通发展任务加重，各个城市修建轨道的财政压力越来越大，吸引社会资本拓宽融资渠道是未来发展趋势。

表 5－1　发展地铁和轻轨的申报条件

指标体系	地铁标准	轻轨标准
城区人口规模（万）	＞300	＞150
国内生产总值（亿元）	＞3000	＞1500
地方财政一般预算收入（亿元）	＞300	＞150
客流规模单向高峰（万人次/每日每公里）	初期＞0.7，远期＞3	初期＞0.4，远期＞1

资料来源：《关于进一步加强城市轨道交通规划建设管理的意见》（国办发〔2018〕52 号）。

3. 我国都市圈轨道交通的运营管理兼容性差

随着都市圈轨道交通规模扩大，参与的运营主体增多。以北京市为例，截至2016年9月，北京京港地铁有限公司[①]运营4号线、大兴线、14号线和16号线，北京市轨道交通运营管理有限公司运营燕房线，北京京城地铁有限公司运营机场线，北京地铁运营公司运营其他三家之外的所有线路。特别地，都市圈轨道交通包括城市轨道、市域（郊）铁路以及对外轨道交通通道，目前市域（郊）铁路是我国都市圈轨道交通发展的短板，在运营管理方面尤为突出，其中一个重要原因是市域（郊）铁路大多是委托各地方国家铁路局（或公司）运营，而城市轨道交通主要由地方政府主导，两个运营管理系统尚未兼容。面对多元化市场运营主体和跨区域运营主体对现有运营管理的冲击，需要加强运营管理的统一性和协调性。另外，在地方政府主导的轨道交通运营管理体制下，地方政府的运营补贴压力越来越大，如何创新运营管理模式，合理控制运营成本，并且提高服务品质吸引客源，提高轨道交通的利用效率，扩大轨道交通运营收益，是未来我国轨道交通发展的重点之一。

4. 我国都市圈轨道交通衔接不畅及枢纽布局不科学

多年来，我国铁路、公路、航空、港口和城市轨道等分不同部门管理，各运输方式之间联系并不紧密，不同运输方式衔接区域对接不畅较为普遍。实现多种交通运输方式融合发展，需要加强网络衔接，对枢纽进行一体化布局。轨道交通作为都市圈通勤交通的主要载体，突出优势是便捷、快速和准时。城市轨道交通主要服务中心城区，站点分布相对较密，不同城市轨道线路与地面公

---

① 北京京港地铁有限公司（简称“京港地铁”）是国内城市轨道交通领域首个引入外资的合作经营企业。京港地铁成立于2006年1月16日，由北京市基础设施投资有限公司出资2%，北京首都创业集团有限公司和香港铁路有限公司各出资49%组建。

交相衔接。由于我国城市轨道交通发展缺乏长期规划思维，不同城市轨道线路换乘距离较长，拉长了通勤出行时间。市域（郊）铁路服务郊区和周边卫星城，站点分布相对较大，并且与城市轨道交通衔接。在我国现有的轨道交通管理体制下，市域（郊）铁路与城市轨道交通隶属于不同管理系统，两种类型轨道交通枢纽布局缺乏协调性。枢纽功能提升是提高轨道交通服务品质的重要内容，提供快捷和安全的换乘服务有利于提升轨道交通吸引力。枢纽布局是不同类型轨道交通差异化发展的重要体现，都市圈对外交通通道与轨道交通有衔接，也必须有枢纽作支撑。

5. 我国都市圈轨道交通站点土地综合开发力度不够

在产业转型升级和城市空间再开发的影响下，传统制造业外迁，现代服务业、先进制造业等高端产业集聚，就业岗位集聚，通勤圈外扩。都市圈不同圈层土地开发同质化比较严重。在都市圈发展中，不同层级土地开发特征有差异，中心城区人口密集，站点土地开发以商业、停车和换乘为主，而在郊区和卫星城，人口相对密集，站点土地开发可以商业与居住兼容。通勤圈不断外扩的过程中，外围地区开发项目与既有轨道交通建设计划需要结合，一方面可以使轨道交通与乘客需求更加吻合，另一方面轨道交通也是塑造城市空间的重要手段。从实际情况来看，交通与土地发展不协调的问题比较突出，轨道交通站点土地开发力度不够，还没有得到很好利用，这是因为轨道交通站点土地综合开发利益主体不明确。由于我国没有房地产税，而轨道交通会带动所经过区域周边土地增值，此部分收益很难回收，因此，设立站点以后并没有带动周边土地综合开发。目前，我国轨道交通运营管理以地方政府为主导，轨道交通运营管理收支不平衡也有地方政府提供补贴，在此运营管理体制下，站点土地综合开发动力不足。

六、促进我国都市圈轨道交通一体化发展的总体思路

从我国都市圈轨道交通发展历程、现状和面临的问题来看，我国现代化都市圈轨道交通一体化发展的核心目标是补齐市域（郊）铁路短板，达到与城市地铁和轻轨等其他制式轨道交通协调发展的目标。次要目标是将一体化都市圈轨道交通服务体系与城际铁路和干线铁路等对外轨道交通通道有效衔接。

（一）都市圈轨道交通一体化发展的导向

1. 以满足出行需求为导向

轨道交通一体化发展以满足通勤需求为主，有市场需求作为支撑的项目才可能具有财务可持续性，并保证投入资源的利用率。

2. 以引导空间布局为导向

轨道交通发展不但需要与都市圈城市空间布局相协调，而且应该发挥先导作用，对城市空间开发产生直接影响，既引导都市圈形成，也提高空间布局效率。

3. 以支撑功能疏解为导向

在都市圈发展中，中心城区与郊区城镇组团协调发展是城市化发展的核心

内容，主要体现在以郊区城镇组团土地、生态和环境等资源来换取中心城区的发展空间，轨道交通一体化发展将支撑中心城区部分功能向周围疏解。

4. 以集约利用资源为导向

轨道交通建设成本高并且占用土地等资源，可以通过合理安排既有资源扩大运力，如利用既有线路或以共轨共线的方式开行市域（郊）通勤班列，实现资源的集约化利用。

5. 以跨域共管跨部共治为导向

轨道交通建设和运营面临跨域跨部治理问题，需要处理好多个行政区域和行政部门之间的关系，并最终形成合力。因此，跨域共管跨部共治是都市圈轨道交通规划、建设和运营管理一体化发展的必然选择。

（二）都市圈轨道交通一体化发展的思路

都市圈轨道交通一体化作为都市圈形成的重要推动力量，需要与城市空间整体开发相协调，并对都市圈内中心城区和周边中小城市生产和人口布局起到引导作用。与此同时，轨道交通一体化需要与市场需求和当地政府财政承受能力相匹配，突出可持续发展的理念。从现存问题来看，亟须着力破除体制机制阻碍，实现统筹规划有序建设、多方参与资金充足、协调运营高质高效。

1. 以前瞻性规划引导有序建设都市圈一体化轨道交通网络

轨道交通建设是都市圈形成的重要推动力量，应该与都市圈内的生产、生活和生态功能空间开发和布局相协调。一是需要确定都市圈空间开发方向和产业布局蓝图，将轨道交通线路和枢纽布局规划纳入都市圈整体发展规划。支撑中心城区非中心功能的疏解，引导相关产业向外围中小城镇布局，通过中心与外围建立便利的通勤联系来为中心城区再造经济发展活力，为卫星城培育新经济动能提供安全、高效、绿色、集约的客流保障。二是通过轨道枢纽站点布局分类、分层和分级确定轨道交通站点的综合开发类别和力度，使部分产业功能向外扩散的同时，提高土地综合开发利用效率。在中小城区外围打造若干商业和居住中心，通过公共服务供给的规模化、均等化和便民化，使外围城镇发展质量和综合吸引力快速提升，建设有经济活力且宜住的现代化城镇。三是合理安排建设时序，做好轨道交通项目的衔接工作。轨道交通建设与都市圈经济发展和空间开发时序相协调，因地制宜分阶段进行线路和站点建设，并以合理的对接方案提高各个阶段项目的整体运营效率。《广佛两市轨道交通衔接规划》提出，两市 9 条地铁衔接通道进行对接，构建以广州南站、西朗等为核心节点的广佛地铁同城化网络。

专栏 1　广（州）佛（山）同城化轨道交通对接方案

颁布实施《广佛两市轨道交通衔接规划》，推动城市轨道、城际轨道交通网的全面衔接。加快广佛地铁（燕岗—沥滘段）、广佛地铁（澜石—乐从段）、佛山地铁 2 号线引入广州南站、广州地铁 7 号线西延顺德段等项目建设，积极开展规划中两市 9 条地铁衔接通道的对接，构建以广州南站、西朗等为核心节点的广佛地铁同城化网络。推进广佛环线、广佛江珠城际、肇顺南城际等城际轨道建设，建成佛山西站，形成广州站、广州南站、佛山西站、广州北站、白云机场等主要交通枢纽的轨道交通串联，实现主城区与近远郊镇通勤化交通联系。轨道交通重点项目主要包括：广佛地铁（燕岗—沥滘段）、广佛地铁（澜石—乐从段）、广佛地铁 7 号线西延顺德段、佛山地铁 2 号

线引入广州南站；广佛间9条地铁衔接通道；佛山地铁8号线对接广州地铁6号、12号、13号线，佛山地铁5号线对接广州地铁5号、11号线，广州地铁19号线对接佛山6号、10号线，佛山地铁11号线对接广州地铁10号、11号线，佛山地铁4号线对接广州2号、3号、7号、18号线，佛山地铁2号线对接广州地铁2号、7号线，广州地铁7号线对接佛山地铁3号、10号、11号线，广州地铁17号线对接佛山地铁3号、9号、11号、13号线；广佛环线、广佛江珠城际、肇顺南线城际。

资料来源：《广佛同城化“十三五”发展规划（2016—2020年）》。

2. 充分调动公私各方积极性，拓宽轨道交通建设资金来源

都市圈轨道交通一体化发展需要与市场需求相一致，集约利用现有轨道资源，调动公共部门和私有部门的积极性，拓宽建设资金来源，提高轨道交通项目财务可持续性。一是合理利用既有轨道资源，以最有效的方式满足都市圈通勤需求，提高轨道交通网络构建的投入产出比。上海金山市郊铁路是在既有线路基础上改造的，改造金山支线铁路投入约40亿元，若新建则需要150亿元以上。部分可开行通勤列车的铁路往往是国家铁路的闲置资源，合理改造后与现有城市轨道一体化运营，可以有效缓解城市轨道交通压力，实现城市与国家铁路的双赢。二是建立跨行政区域的轨道交通建设成本分担、利益共享机制，形成激励相容的建设资金筹措办法。三是鼓励轨道交通站点综合开发，以综合开发收益弥补运营缺口，协调轨道交通建设和运营的公益性和营利性，纠正市场回报机制，吸引社会资本参与都市圈轨道交通建设和运营。《关于促进市域（郊）铁路发展的指导意见》（发改基础〔2017〕1173号）指出，吸引保险资金、企业年金等长期资本参与市域（郊）铁路发展；积极支持通过企业债券、公司债券、非金融企业债务融资工具等方式融资；

鼓励金融租赁公司研发适合市域（郊）铁路特点的金融产品，采用直接租赁、售后回租等形式提供融资服务。

专栏2　成都拓展城市轨道交通建设资金来源的举措

1. 加大财政投入力度

加大财政资金统筹使用力度，调整城市轨道交通年度专项资金安排，存量资金、新增财力和地方政府债券优先用于城市轨道交通项目，集中力量重点保障城市轨道交通项目建设。

2. 进一步拓宽资本金筹集渠道

加快政府和社会资本合作（PPP）模式在城市轨道交通项目中的运用，探索设立城市轨道交通项目投资引导基金，充分发挥财政资金的放大和撬动作用，引导社会资本投入。积极争取政策性银行软贷款，争取发行可续期债等权益性融资产品。

3. 拓展企业融资渠道

探索政府租用企业投资基础设施模式在城市轨道交通项目中的运用。进一步强化对企业的资本金注入，充实企业资本规模，支持企业以项目为载体，争取银行、国际金融组织和外国政府贷款，发行公司债券、中期票据和项目收益债券，开展融资租赁和经营租赁。探索资产证券化融资（ABS 模式），积极推进企业上市募集资金，组建城市21 轨道交通建设投融资平台。

4. 探索以轨道交通沿线土地资源筹集资金的模式

加大力度推进轨道交通沿线土地资源筛选与划定工作，建立沿线土地资源规划管理、用地整理、土地上市、资金回笼的专项机制，大力拓展以轨道交通沿线优质土地资源为基础的资金筹措渠道。

资料来源：《成都市城市轨道交通建设“十三五”规划》。

3. 创新轨道交通管理体制机制，实现跨域共管、跨部共治

加快轨道交通规划、建设和运营管理体制机制创新，突破行政区域和行政部门的利益阻力，实现跨域共管、跨部共治。一方面，都市圈的发展可能突破现有行政边界，如广州和佛山的同城化发展，北京周围的燕郊、上海周边的昆山等在北京和上海等大城市的行政区域之外。然而现有的轨道交通规划、建设和运营管理大多是地方政府主导，仅对行政区域之内的交通、经济发展等事务负责，难免产生“一亩三分地”的思维，使跨行政区域的线路出现供给不足，出现跨区域的通勤班列开行困难、衔接不畅或运行效率不高等问题，因此，都市圈轨道交通一体化发展亟须实现跨域共管。另一方面，轨道交通涉及的城市轨道交通（包括地铁、轻轨、磁悬浮和有轨电车等）和铁路（市域（郊）铁路、城际铁路和干线铁路等），一般来说前者运营主体较为多元化，而后者基本是中国铁路总公司运营，目前两者的运营模式、管理方式、治理理念都有较大差异，并且，以铁路系统的现有管理办法不能满足通勤需要，因此部门之间以服务通勤客流为目标进行协调治理势在必行。成都提出，为了实现轨道交通一体化发展，争取在“十三五”期间实现成灌（彭）铁路、成蒲铁路、成渝客专、成绵乐客专北段、成绵乐客专南段5条国铁射线的公交化运营。

七、促进我国都市圈轨道交通一体化发展的相关对策

为了促进我国都市圈轨道交通一体化发展，针对上述分析的具体问题，从跨域治理、跨方式融合、投融资模式创新、运营主体培育和站点土地综合开发

等方面，提出相关对策。

（一）以深化改革为抓手补齐都市圈轨道交通发展短板

充分调动公共部门和私有部门的积极性，拓宽轨道交通建设资金来源，提高轨道交通项目财务可持续性，从多个渠道来补齐我国都市圈轨道交通发展中市域（郊）铁路和跨行政区域的轨道交通供给不足的短板。一是打破“一亩三分地”的思维局限，建立跨行政区域的轨道交通建设成本分担、利益共享机制，出台激励相容的建设资金筹措办法，研究成立都市圈轨道交通协调发展基金。二是鼓励轨道交通站点综合开发，协调轨道交通建设和运营的公益性和营利性，纠正市场回报机制，吸引社会资本参与都市圈轨道交通建设。三是盘活存量资产，优先利用既有铁路资源开行市域（郊）通勤班列，以最有效的方式满足都市圈通勤需求，提高轨道交通网络构建的投入产出比。四是针对以城际铁路名义修建的城市轨道和市域（郊）铁路项目，建议按通勤交通要求改造升级、提升服务质量。

（二）以机制创新为动力促进都市圈轨道交通融合发展

都市圈轨道交通一体化发展需要从融合上做文章。沿轨道交通蔓延式布局产业和人口较为普遍，推动轨道沿线土地捆绑开发不但有助于中心城市向外辐射人口和产业，而且有利于创新轨道交通投融资模式。由于站点的区位和客流量存在差异，其周边的产业潜力和居民环境等不同，需要选择适宜的捆绑开发模式。一是加快轨道交通规划、建设和运营管理体制机制创新，突破行政区域和行政部门的利益阻力，实现跨域共管、跨部共治。二是将轨道交通线路和枢纽布局规划纳入都市圈整体发展规划，支撑中心城区非中心功能的疏解，引导

相关产业向外围中小城镇布局，加强轨道交通建设与城市空间结构优化、产业布局调整和生态功能完善的融合。三是出台都市圈轨道交通建设、运营和管理相关规范文件，在车辆技术、站距要求、申建条件、安全检查、运营规范等方面建立标准体系，引导各种制式轨道交通一体化融合。四是合理界定政府与企业、多类企业在安全保障、应急救援和系统维护等方面的责任，建立分工清晰、权责明确、激励相容的多方合作机制。

（三）以科学管理为手段提升都市圈轨道交通服务品质

提供便民、惠民、利民的运输服务，是我国都市圈轨道交通一体化发展的核心任务，亟须从多个方面实施新举措新办法。一是合理安排发车频率、停站频率，提高票务灵活性、便利性，以提供公交化的公共交通服务为原则，实现了市域（郊）铁路与城市轨道交通的一体化运营，提高不同制式轨道交通的换乘效率。二是提高轨道交通运营管理的现代技术水平，以信息化、智能化为目标，提供全程安全、便捷、贴心的运输服务。三是以优化顾客体验为导向，创新轨道交通项目商业开发和运营管理模式，培育市场化运营主体，全方位提升服务质量。四是创新轨道交通规划理念，因地制宜分阶段进行线路和站点建设，做好轨道交通项目的衔接工作，以合理的对接方案提高各个阶段项目的整体运营效率。五是以城市轨道名义修建的市域快线多为中心城区地铁的延伸线，如果存在高峰时间段开快车难的问题，可以考虑适当增建轨道，并合理设置站点，创新运营组织模式，供给中心与外围间快速通勤服务。六是以铁路方式修改建的市域（郊）铁路，针对普遍存在的换乘不便和公交化运营难等问题，建议中心向外辐射状新线纳入城市轨道交通网，外围城镇组团间新线依据网络体系和规模创新运营模式，改造线路与城市轨道交通合网运营。

（四）以网城协同为目标推动都市圈轨道交通高质量发展

一方面，因城制宜创新都市圈轨道交通供给模式。我国都市圈空间尺度的轨道交通规划相对较少，部分特大超大城市市域范围与国际成熟都市圈相当，但是周边诸多与之有密切人口和产业联系的城镇化地区却不在同一市域范围内，跨行政区的轨道交通供给滞后，城市轨道交通规划并不能替代都市圈轨道交通规划。同时，不同类型都市圈轨道交通供给模式不同，中心城市、外围城镇以及两者互联的轨道交通是有机结合体，科学编制都市圈轨道交通规划，统筹考虑都市圈人口和产业稠密程度和空间形态等因素，设计轨道交通网，制定供给策略和时序，有利于促进轨道交通网与都市圈产业和城镇协同发展。另一方面，因网制宜推进都市圈轨道交通“四网融合”。我国都市圈存在四种功能层级分明的轨道交通，分别是服务中心城市市区的城市轨道、连接市区与外围城镇的市域（郊）铁路、联通中心城市与周边大城市的城际铁路以及具有更远辐射能力的干线铁路。城市轨道交通和市域（郊）铁路是都市圈通勤交通系统的骨干，为了压缩通勤时间，两者可以合网运营尽可能提高衔接效率，市域（郊）铁路还需要采用更为灵活的运营组织模式，扩大中心城区有效辐射半径。当前，我国城际铁路与干线铁路基本可以实现跨线合网运营，大多数城际铁路只有承担干线通道功能才能缓解客流不足的问题，两者与都市圈内部轨道交通融合主要是站点的便捷换乘。因此，都市圈轨道交通“四网融合”包括：一是城市轨道交通与市域（郊）铁路合网运营，二是城际铁路与干线铁路合网运营，三是合网后两张大网的便捷换乘。

本章小结

大众、便捷的一体化轨道交通运输服务，有助于形成经济、社会、环境和生态高度融合的现代化都市圈，破除特大城市发展困境，推动特大城市与周边中小城市、城镇协调发展。特大城市是我国各个区域的经济、政治和文化中心，其发展水平直接决定着我国城镇化发展质量。近年来，北上广深等特大城市的人口规模持续膨胀，交通拥挤、住房困难、环境恶化、资源紧张等大城市病日益严重。解决特大城市现有的发展难题，关键是协调好中心城区与郊区、卫星城镇的职住关系。集约高效、环境友好、大众便捷的一体化轨道交通服务，拓展了特大城市中心城区的职住空间范围，既保证聚集效应有效发挥，也降低经济活动过度集中造成的负面成本。

党的十九大报告指出，以城市群为主体构建大中小城市和小城镇协调发展的城镇格局。城市群建设无疑是我国城镇化的核心内容，然而城市群的打造需要以若干成熟的现代化都市圈为发动机。现代化都市圈轨道交通一体化使大城市与周围卫星城镇之间的通勤、通学和通商等活动便利化，缓解城市群内大城市之间距离跨度过大、规模效应不足和拓展空间有限等问题。现代化都市圈轨道交通一体化也有利于周围卫星城镇为大城市发展提供配套服务，从而产生新的发展机遇。特别是，我国的城镇化是不充分的城镇化，大量非农就业人口难以在城市落户，无法享有城市基本公共服务。推进以人为核心的新型城镇化，首要任务是使有能力在城镇稳定就业和生活的已进城常住人口有序实现市民化。现代化都市圈轨道交通一体化，实现中心城区与外围城镇之间通勤便利化，使在大城市有工作的人口，可以选择在周边的中小城市或卫星城镇落户、置业和生活，实现市民化，享有城市基本公共服务。

总而言之，推动现代化都市圈轨道交通一体化发展，是我国新型城镇化建设实现城镇空间协同发展的重要举措。目前，需要以深化改革为抓手、以机制创新为动力、以科学管理为手段、以网城协同为目标，通过部署系列措施来实现我国现代化都市圈轨道交通高质量发展。

参考文献

［1］ Andersson F. and Forslid R.. Tax Competition and Economic Geography ［J］. Journal of Public Economic Theory, 2003 (5): 279 - 303.

［2］ Albouy David. Evaluating the Efficiency and Equity of Federal Fiscal Equalization ［J］. Journal of Public Economics, 2012, 96, 824 - 839.

［3］ Au C. C. and Henderson J. V.. Are Chinese Cities Too Small? ［J］. Review of Economic Studies, 2006, 73 (3): 549 - 576.

［4］ Alesina A., Baqir A. and Easterly W.. Redistributive Public Employment ［J］. Journal of Urban Economics, 2000 (48): 219 - 241.

［5］ Abdel - Rahman H. M.. Product Differentiation, Monopolistic Competition and City Size ［J］. Regional Science and Urban Economics, 1988, 18(1): 69 - 86.

［6］ Arnott R. P.. Optimal City Size in a Spatial Economy ［J］. Journal of Urban Economics, 1979 (6): 65 - 89.

［7］ Arnott R. and Stiglitz J.. Aggregate Land Rents, Expenditure on Public Goods, and Optimal City Size ［J］. The Quarterly Journal of Economics, 1979, 93 (4): 471 - 500.

［8］ Boadway R. and Flatters F.. Efficiency and Equalization Payments in a Federal System of Government: A Synthesis and Extension of Recent Results ［J］. Canadian Journal of Economics, 1982 (15): 613 - 633.

[9] Bosker M. , Brakman S. and Garretsen H. , Schramm M. . Relaxing Hukou: Increased Labor Mobility and China's Economic Geography [J] . Journal of Urban Economics, 2012, 72, 252 –266.

[10] Buettner T. and Holm – Hadulla F. . City Size and the Demand for Local Public Goods [J] . Regional Science and Urban Economics, 2013 (43): 16 –21.

[11] Behrens K. , Duranton and G. Robert – Nicoud F. . Productive Cities: Sorting, Selection, and Agglomeration [J] . Journal of Political Economy, 2014, 122 (3): 507 –553.

[12] Baltagi B. H. and Li D. . Series Estimation of Partially Linear Panel Data Models with Fixed Effects [J] . Annals of Economics and Finance, 2002 (3): 103 –116.

[13] Broekmans F. J. , Soules M. R. , Fauser B. C. . Ovarian Aging: Mechanisms and Clinical Consequences [J] . Endocr Rev, 2009, 30 (5): 465 –493.

[14] Becker G. S. and Murphy K. M. . The Division of Labor, Coordination Costs, and Knowledge [J] . The Quarterly Journal of Economics, 1992, 107 (4): 1137 –1160.

[15] Combes P –P. , Duranton G. and Gobillon L. . Spatial Wage Disparities: Sorting Matters! [J] . Journal of Urban Economics, 2008, 62 (2): 723 –742.

[16] Combes P –P. , Duranton G. , and Gobillon L. . The Cost of Agglomeration: Land Prices in Frenchs Cites [Z] . IZA Discussion Papar No. 7027. , 2012.

[17] Combes P. P. , Duranton G. , Gobillon L. Puga D. and Roux S. . The Productivity Advantages of Large Cities: Distinguishing Agglomeration from Firm Selection [J] . Econometrica, 2012, 80 (6): 2543 –2594.

[18] Clark C. . The Economic Functions of a City in Relation to Its Size [J]. Econometrica, 1945, 13 (2): 97 –113.

[19] Duranton G. and Turner M. A.. The Fundamental Law of Road Congestion: Evidence from US Cities [J]. American Economic Review, 2011 (101): 2616-2652.

[20] Duranton G. and Puga D.. Nursery Cities: Urban Diversity, Process Innovation, and the Life Cycle of Products [J]. American Economic Review, 2001, 91 (5): 1454-1477.

[21] Duranton G. and Puga D.. Micro-foundations of Urban Agglomeration Economies [A] //J. Vernon Henderson and Jacques-François Thisse, Handbook of Regional and Urban Economics(Vol. 4)[M]. Amsterdam: North-Holland, 2004.

[22] Desmet K. and Rossi-Hansberg E.. Urban Accounting and Welfare [J]. American Economic Review, 2013, 103 (6): 2296-2327.

[23] Desmet K. and Rossi-Hamberg E.. Spatial Development [J]. American Economic Review, 2014, 104 (4): 1211-1243.

[24] Dixit A. and Stiglitz J.. Monopolistic Competition and Optimum Product Diversity [J]. American Economic Review, 1977 (67): 297-308.

[25] Ellis L. and Andrews D.. City Sizes, Housing Costs, and Wealth [EB/OL]. http://www.rba.gov.au/publications/rdp/2001/pdf/rdp2001-08.pdf, 2001.

[26] Eeckhout J., Pinheiro R. and Schmidheiny K.. Spatial Sorting [J]. Journal of Political Economy, 2014, 122 (3): 554-620.

[27] Evans A. W.. A Pure Theory of City Size in an Industrial Economy [J]. Urban Studies, 1972 (9): 49-77.

[28] Flatters F., Henderson V. and Mieszkowski P.. Public Goods, Efficiency and Regional Fiscal Equalization [J]. Journal of Public Economics, 1974 (3): 99-112.

[29] Fenge R. and Meier V.. Why Cities Should Not Be Subsidized [J].

Journal of Urban Economics, 2002 (52): 433 -447.

[30] Fuchs V. C.. The Determinants of Redistribution of Manufacturing in the United States Since 1929 [J] . The Review of Economics and Statistics, 1962, 44 (2): 167 -177.

[31] Feser E. J.. A Flexible Test for Agglomeration Economies in Two US Manufacturing Industries[J]. Regional Science and Urban Economics, 2001, 31(1): 1 -19.

[32] Fujita M. and Thisse J. F.. Economics of Agglomeration [J] . Journal of the Japanese and International Economics, 1996 (10): 339 -378.

[33] Glaeser E. L. and Gottlieb J. D.. The Wealth of Cities: Agglomeration Economies and Spatial Equilibrium in the United States [J] . Journal of Economic Literature, 2009, 47 (4): 983 -1028.

[34] Glaeser E. L. and Sacerdote B.. Why Is There More Crime in Cities? [J]. Journal of Political Economy, 1999, 107 (S6): 225 -258.

[35] Glaeser E. L. and Ellison G.. The Geographic Concentration of Industry: Does Natural Advantage Explain Agglomeration? [J] . The American Economic Review, 1999, 89 (2): 311 -316.

[36] Glaeser E. L., Kolko J. and Saiz A.. Consumer City [J] . Journal of Economic Geography, 2001, 1 (1): 27 -50.

[37] Griliches Z. and Mairesse J.. R&D Productivity Growth: Comparing Japan and US Manufacturing Firms [A] //C. R. Hullten. Productivity Growth in Japan and the United States [M] . Chicago: The University of Chicago Press, 1990.

[38] Helpman E. The Size of Regions [A] //Pines D., Sadka E., Zlcha I. Topics in Public Economics: Theoretical Analysis [M] . Cambridge: Cambridge University Press, 1998.

[39] Hoch I.. Income and City Size[J]. Urban Studies, 1972 (9): 299 -328.

[40] Hendenson J. V.. The Urbanization Process and Economic Growth: The So – What Question [J]. Journal of Economic Growth, 2003 (8): 47 – 71.

[41] Henderson J. V.. The Sizes and Types of Cities [J]. American Economic Review, 1974, 64 (4): 640 – 656.

[42] Henderson J. V.. Urban Development: Theory, Fact and Illusion [M]. New York: Oxford University Press, 1988.

[43] Hall R. and Jones C.. Why Do Some Countries Produce So Much More Output Per Worker Than Others? [J]. Quarterly Journal of Economics, 1990, 114 (1): 83 – 116.

[44] Haruya Hiroka. The Development of Tokyo's Rail Network [J]. Japan Railway & Transport Review, 2000 (23): 22 – 30.

[45] Izraeli O.. Differentials in Nominal Wages and Prices Between Cities [J]. Urban Studies, 1977 (14): 275 – 290.

[46] Krugman P.. Scale Economies, Product Differentiation, and the Pattern of Trade [J]. The American Economic Review, 1980, 70 (5): 950 – 959.

[47] Krugman P. R.. Increasing Returns and Economic Geography [J]. Journal of Political Economy, 1991 (99): 483 – 499.

[48] Kim S.. Regions, Resources, and Economic Geography: Sources of U. S. Regional Comparative Advantage, 1880 – 1987 [J]. Regional Science and Urban Economics, 1999, 29 (1): 1 – 32.

[49] Lee Woohyung, Choe Byeongho. Agglomeration Effect and Tax Competition in the Metropolitan Area [J]. Annals of Regional Science, 2012 (49): 789 – 803.

[50] Lucas R. E.. On the Mechanics of Economic Development [J]. Journal of Monetary Economics, 1988, 22 (1): 3 – 42.

[51] Libois F. and Verardi V.. Semiparametric Fixed – effects Estimator [J]. Stata Journal, 2013, 13 (2): 329 – 336.

[52] Leslie G. R. and Korman S. K.. The Family in Social Context [M]. New York: Oxford University Press, 1982.

[53] Murata Y. and Thisse J.. A Simple Model of Economic Geography a la Helpman – Tabuchi [J]. Journal of Urban Economics, 2005 (58): 137 – 155.

[54] Martin J. Beckmann. City Hierarchies and the Distribution of City Size [J]. Economic Development and Cultural Change, 1958, 6 (3): 243 – 248.

[55] Meng Lei. Bride Drain: Rising Female Migration and Declining Marriage Rates in Rural China [J]. Wang Yanan Institute for Studies in Economics, 2009.

[56] Moomaw R. L.. Productivity and City Size: A Critique of the Evidence [J]. The Quarterly Journal of Economics, 1981, 96 (4): 675 – 688.

[57] Murray C.. Losing Ground: American Socail Policy 1950 – 1980 [M]. New York: Basic Books, 1984.

[58] Nakamura R.. Agglomeration Economies in Urban Manufacturing Industries: A Case of Japanese Cities [J]. Journal of Urban Economics, 1985, 17 (1): 108 – 124.

[59] Ottaviano G., Tabuchi T. and Thisse J.. Agglomeration and Trade Revisited [J]. International Economic Review, 2002 (43): 409 – 435.

[60] Pflüger M. and Südekum J.. The Size of Regions with Land Use for Production [J]. Regional Science and Urban Economics, 2010 (40): 481 – 489.

[61] Poncet, S.. Fragmented China: Measure and Determinants of Chinese Domestic Market Disintegration [J]. Review of International Economics, 2005 (13): 409 – 430.

[62] Roos M. W.. Agglomeration and the Public Sector [J]. Regional Sci-

ence and Urban Economics, 2004 (34): 411 -427.

[63] Riou S.. Transfer and Tax Competition in a System of Hierarchical Governments [J]. Regional Science and Urban Economics, 2006 (36): 249 -269.

[64] Roth A. and Pollak R.. Two - sided Matching: A Study in Game - Theoretic Modeling and Analysis [M]. Cambridge: Cambridge University Press, 1990.

[65] Rosen S.. Hedonic Prices and Implicit Markets: Product Differentiation in Pure Competition [J]. Ther Journal of Political Economy, 1974, 82 (1): 34 -55.

[66] Roback J.. Wages, Rents and the Quality of Life [J]. The Journal of Political Economy, 1982, 90 (6): 1257 -1278.

[67] Rosenthal S. S. and Strange W. C.. Evidence on the Nature and Sources of Agglomeration Economics [M]. Handbook of Regional and Urban Economics, 2004.

[68] Stack Steven and Eshleman J. Ross. Marital Status and Happiness: A 17 - Nation Study [J]. Journal of Marriage and Family, 1998, 60 (2): 527 -536.

[69] Santos Cezar and Weiss David. Why Not Settle Down Already: A Quantitative Analysis of the Delay in Marriage [Z]. Paper Provided by Society for Economic Dynamics in its Series 2011 Meeting Papers with number 921, 2011.

[70] Song Hua - sheng, et al.. Urbanization and/or Rural Industrialization in China [J]. Regional Science and Urban Economics, 2012 (42): 126 - 134.

[71] Stiglitz J. E.. The Theory of Local Public Goods [A] //Feldstein M., Inman R. P.. The Economics of Public Services [M]. London: Macmillan, 1977.

[72] Shefer D.. Comparable Living Costs and Urban Size: A Statistical Analysis [J]. Journal of the American Institute of Planners, 1970, 36 (6): 417 -421.

[73] Sveikauskas L.. The Productivity of Cities [J]. The Quarterly Journal of Economics, 1975, 89 (3): 393 -413.

[74] Segal D.. Are There Returns to Scale in City Size? [J]. The Review of Economics and Statistics, 1976, 58 (3): 339-350.

[75] Samuelson P. A.. The Pure Theory of Public Expenditure [J]. The Review of Economics and Statistics, 1954, 36 (4): 387-389.

[76] Tiebout C. M.. A Pure Theory of Local Expenditures [J]. The Journal of Political Economy, 1956, 64 (5): 416-424.

[77] Tabuchi T.. Urban Agglomeration and Dispersion: A Synthesis of Alonso and Krugman [J]. Journal of Urban Economics, 1998 (44): 333-351.

[78] Wildasin D. E.. Theoretical Analysis of Local Public Economics [A] // Handbook of Regional and Urban Economics Ⅱ [M]. Amsterdam, 1987.

[79] Wang An-ming and Zeng Dao-zhi. Agglomeration, Tax and Local Public Godds [J]. Hitotsubashi Journal of Economics, 2013 (54): 177-201.

[80] Wei Shang-Jin and Zhang Xiaobo. The Competitive Saving Motive: Evidence from Rising Sex Ratios and Savings Rates in China [J]. Journal of Political Economy, 2011, 119 (3): 511-564.

[81] William J. W.. The Truly Disadvantaged: The Inner City, The Underclass, and Public Policy [M]. Chicago: University of Chicago Press, 1987.

[82] Wirth L.. Urbanism as a way of life [J]. American Journal of Sociology, 1938, 44 (1): 1-24.

[83] 阿尔弗雷德·马歇尔．经济学原理（上卷）[M]．陈瑞华译．西安：陕西人民出版社，2006.

[84] 阿尔弗雷德·韦伯．工业区位论 [M]．李刚剑等译．北京：商务印书馆，2010.

[85] 阿瑟．奥沙利文城市经济学（第6版）[M]．周京奎译．北京：北京大学出版社，2008.

[86] 奥古斯特·勒施．经济空间秩序［M］．王守礼译．北京：商务印书馆，2010.

[87] 潘佐红，张帆．中国城市生产率［A］//陈币军，陈爱民．中国城市化：实证分析与对策研究（第1版）［M］．厦门：厦门大学出版社，2002.

[88] 蔡景辉，任斌，黄小宁．城市规模对流动人口幸福感的影响——来自 RUMIC（2009）的经验证据［J］．贵州财经大学学报，2016（1）：89－99.

[89] 陈良文，杨开忠．生产率、城市规模与经济密度：对城市集聚经济效应的实证研究［J］．贵州社会科学，2007（2）：113－119.

[90] 陈淮．解决住房矛盾要发展中小城市［N］．华西都市报，2010－03－02.

[91] 陈钊，陆铭．首位城市该多大？——国家规模、全球化和城市化的影响［J］．学习月刊，2014（5）：5－16.

[92] 恩格斯．英国工人阶级状况［M］．北京：人民出版社，1956.

[93] 傅十和，洪俊杰．企业规模、城市规模与集聚经济——对中国制造业企业普查数据的实证分析［J］．经济研究，2008（11）：112－125.

[94] 范剑勇．产业集聚与地区间劳动生产率差异［J］．经济研究，2006（11）：72－81.

[95] 国家信息中心．西部大开发中的城市化道路——成都城市化模式案例研究［M］．北京：商务印书馆，2010.

[96] 高俊良．中国第一条地铁建设始末［J］．百年潮，2008（6）．

[97] 景国胜．广佛都市圈视角下的轨道交通发展思考［J］．城市交通，2017（1）．

[98] 胡婉旸，郑思齐，王锐．学区房的溢价究竟有多大：利用“租买不同权”和配对回归的实证估计［J］．经济学（季刊），2014（3）：1195－1214.

[99] 胡霞，魏作磊．中国城市服务业集聚效应实证分析［J］．财贸经济，2009（8）：108－114.

[100] 贺东．城市一体化客运轨道交通运输体系构建研究［D］．西南交通大学博士学位论文，2007.

[101] 胡春斌等．首尔都市圈的轨道交通发展及其启示［J］．城市轨道交通研究，2015（5）.

[102] 胡晓嘉等．城市轨道交通运营管理模式研究［J］．城市轨道交通研究，2002（4）.

[103] 简·雅各布斯．城市经济（第1版）［M］．项婷婷译．北京：中信出版社，2007.

[104] 吉昱华，蔡跃洲，杨克泉．中国城市集聚效益实证分析［J］．管理世界，2004（3）：67－74.

[105] 柯善咨，向娟．1996～2009年中国城市固定资本存量估算［J］．统计研究，2012（7）：19－24.

[106] 柯善咨，赵曜．产业结构、城市规模与中国城市生产率［J］．经济研究，2014：76－88.

[107] 罗茂初．对我国发展小城镇政策的追溯和评价［J］．人口研究，1988（1）：12－18.

[108] 林毅夫，刘志强．中国的财政分权与经济增长［J］．北京大学学报（哲学社会科学版），2000（4）：5－17.

[109] 梁源静．论城市建设“规模效益”与合理控制城市规模［J］．中国人口·资源与环境，1994（3）：84－87.

[110] 梁婧，张庆华，龚六堂．城市规模与劳动生产率：中国城市规模是否过小？——基于中国城市数据的研究［J］．经济学（季刊），2015（3）：1053－1072.

［111］陆铭，欧海军．高增长与低就业：政府干预与就业弹性的经验研究［J］．世界经济，2011（12）：3－31.

［112］刘永亮．中国城市规模经济的测度［J］．统计与决策，2008（17）：107－110.

［113］刘永亮．中国城市规模经济的动态分析［J］．经济学动态，2009（7）：69－73.

［114］刘修岩．集聚经济公共基础设施与劳动生产率——来自中国城市动态面板数据的证据［J］．财经研究，2010（5）：91－101.

［115］刘修岩．集聚经济与劳动生产率：基于中国城市面板数据的实证研究［J］．数量经济技术经济研究，2009（7）：109－119.

［116］李钢，廖建辉，向奕霓．中国产业升级的方向与路径——中国第二产业占 GDP 的比例过高了吗？［J］．中国工业经济，2011（10）：16－26.

［117］李春顶．中国出口企业是否存在生产率悖论——基于中国制造业企业数据的检验［J］．世界经济，2010（7）：65－81.

［118］刘晓光等．我国城市轨道交通建设的历程、问题与对策［J］．中国国情国力，2010（10）.

［119］林群等．时空紧约束的大都市圈轨道交通规划研究［J］．城市交通，2017（1）.

［120］刘见等．“苏锡常”都市圈轨道交通投融资研究［J］．城市轨道交通研究，2004（2）.

［121］李连成．城市轨道交通技术经济政策的若干思考［J］．综合运输，2014（11）.

［122］李连成．上海金山铁路五周年：经验与启示［J］．轨道城市，2017－09－28.

［123］苗彦英等．东京都市圈轨道交通发展及特征［J］．都市快轨交通，

2015（2）.

［124］毛丰付，潘加顺．资本深化、产业结构与中国城市劳动生产率［J］．中国工业经济，2012（10）：32－44.

［125］欧阳慧，李沛霖．东京都市圈生活功能建设经验及对中国的启示［J］．区域经济评论，2020（3）.

［126］平新乔．财政原理比较财政制度［M］．上海：上海人民出版社，1995.

［127］饶会林等．现代城市经济学概论［M］．上海：上海交通大学出版社，2008.

［128］饶会林．对城市发展规模的辩证思考［J］．财经问题研究，1986（1）：25－30.

［129］荣朝和．铁路/轨道交通在新型城镇化及大都市时空形态优化中的作用［J］．北京交通大学学报（社会科学版），2014（2）.

［130］孙晓华，郭玉娇．产业集聚提高了城市生产率吗？——城市规模视角下的门限回归分析［J］．财经研究，2013（2）：103－112.

［131］孙三百，黄薇，洪俊杰，王春华．城市规模、幸福感与移民空间优化［J］．经济研究，2014（1）：97－111.

［132］史懿亭等．香港与深圳轨道交通站点综合开发典型案例对比分析［J］．城市轨道交通研究，2014（4）.

［133］孙洪涛等．东京都市圈轨道交通对京津冀城际铁路规划的启示［J］．中国铁路，2015（7）.

［134］史俊玲等．论国外大都市区域轨道交通发展总体特点［J］．现代城市轨道交通，2008（3）.

［135］陶希东．中国建设现代化都市圈面临的问题及创新策略［J］．城市问题，2020（1）.

［136］王永培，袁平红．基础设施、拥挤性与城市生产率差异——来自中国 267 个城市市辖区数据的实证研究［J］．财经科学，2011（7）：43－50.

［137］王小鲁，夏小林．优化城市规模，推动经济增长［J］．经济研究，1999（9）：22－29.

［138］王小鲁．中国城市化路径与城市规模的经济学分析［J］．经济研究，2010（10）：20－32.

［139］王麟．轨道交通的前世今生［M］．北京：中国铁道出版社，2018.

［140］王凯，倪少权．国外都市圈发展对京津冀轨道交通一体化的启示［J］．铁道经济研究，2016（4）．

［141］王凯．国外都市圈发展对京津冀轨道交通一体化的启示［J］．铁道经济研究，2016（4）．

［142］吴昊阳等．有关我国市郊铁路发展的几点思考［J］．基层建设，2015（34）．

［143］王兴举等．京津冀轨道交通一体化发展对策［J］．铁道运输与经济，2016（11）．

［144］沃尔特·克里斯塔勒．德国南部中心地原理［M］．常正文等译．北京：商务印书馆，2010.

［145］项怀诚等．中国财政 50 年［M］．北京：中国财政经济出版社，1999.

［146］许经勇．值得反思的我国城镇化体系与小城镇建设［J］．学习论坛，2011（3）：38－41.

［147］冼国明，徐清．劳动力市场扭曲是促进还是抑制了 FDI 的流入［J］．世界经济，2013（9）：25－48.

［148］肖经建．现代家庭经济学［M］．上海：上海人民出版社，2005.

［149］禹静，刘靖，邢春冰．收入差距与城镇女性的婚姻选择［J］．南方经济，2012（9）：127－142.

［150］杨珂．都市圈多层次轨道交通系统规划研究［D］．北京交通大学博士学位论文，2017.

［151］约翰·冯·杜能．孤立国同农业和国民经济的关系［M］．吴衡康译．北京：商务印书馆，1986.

［152］杨学成，汪冬梅．我国不同规模城市的经济效率和经济成长力的实证研究［J］．管理世界，2002（3）：9－13.

［153］闫小勇等．关于我国发展轻轨与铁路共轨运行系统的探讨［J］．石家庄铁道学院学报，2003（4）．

［154］周一星．中国城市发展的规模政策［J］．管理世界，1992（6）：160－165.

［155］周阳．基于生活成本调整的真实产出和中国地级以上城市的适宜规模研究［D］．华中科技大学博士学位论文，2012.

［156］张军，吴桂英，张吉鹏．中国省际物质资本存量估算：1952－2000［J］．经济研究，2004（10）：35－44.

［157］郑鑫．我国财政体制对城市规模的影响分析［D］．中国社会科学院博士学位论文，2010.

［158］中国城市和小城镇改革发展中心课题组．中国城镇化战略选择政策研究［M］．北京：人民出版社，2010.

［159］张善余．世界大都市圈的人口发展及特征分析［J］．城市规划，2003（3）．

［160］周建高等．东京都市圈轨道交通发展及其启示［J］．城市，2015（3）．